AKTION
SCHMETTERLING

DAS BUND-BUCH
ZUR AKTION

GEFÖRDERT DURCH DAS
EUROPÄISCHE
UMWELTJAHR 1987

JOSEF BLAB THOMAS RUCKSTUHL THOMAS ESCHE
RUDI HOLZBERGER

AKTION SCHMETTERLING

SO KÖNNEN WIR SIE RETTEN

OTTO MAIER RAVENSBURG

HINWEIS ZU INHALT UND AUTOREN:

Die Ökologie der Schmetterlinge ist ein äußerst diffiziles Sachgebiet. Viele Themen sind wissenschaftlich noch weiße Flecken, oft widersprechen sich Beobachtungen an Faltern zu unterschiedlichen Jahreszeiten, in unterschiedlichen Regionen. In der Standardliteratur wiederholen sich viele Beobachtungsfehler früherer Autoren. In diesem Buch wurden die wissenschaftliche Kompetenz von Josef Blab und die Freilandbeobachtungen von Thomas Ruckstuhl kombiniert. Der Schweizer Fotograf kann getrost zu den besten Schmetterlingskennern Europas gezählt werden. Dennoch wird auch manche Beobachtung dieses Buches nicht unwiderlegbar sein.

Dr. Josef Blab hat den wesentlichen Teil des Buchtextes, den gesamten naturschützerischen Inhalt geschrieben. Er hat alle Texte wissenschaftlich geprüft.

Thomas Ruckstuhl hat sämtliche Fotografien zu diesem Buch beigesteuert und die Bildlegenden geschrieben. Außerdem stammen folgende Kurzkapitel zu einzelnen Faltern von ihm: Blauschillernder Feuerfalter (S. 66), Großer Eisvogel: Die Raupe als Häuschenbauer (S. 92), Trauermantel (S. 102), Futterwechsel als Lebensrettung (S. 130), Totenkopfschwärmer (S. 132), Wiener Riese wirft Schatten (S. 141), Birkenzipfelfalter (S. 145), Sammlerleidenschaft lieber zügeln (S. 178), Admiral (S. 186).

Thomas Esche hat die ökologischen Texte verfaßt, die im Buch als grüne Kästen umrahmt sind. Außerdem folgende Kurzkapitel: Kinderstube Eiche (S. 76), Hecke als Schutz (S. 114), Wanderfalter (S. 183 – mit Ruckstuhl).

Rudi Holzberger hat das Buch redaktionell betreut und die einführende Reportage geschrieben.

BUND, Verlag und Autoren danken für wertvolle Mitarbeit zudem den Herren Lobenstein, Weidemann, Hoplitschek und Marktanner.

Fotos: Thomas Ruckstuhl
Illustrationen: Uta Schmitt
Redaktion: Rudi Holzberger
Layout: Hans Rack/Ernst Fesseler
Umschlaggestaltung: Ekkehard Drechsel
Reproduktion: Schreiber, Stuttgart
Gesamtherstellung: Appl, Wemding
Printed in Germany

91 90 89 88 87 5 4 3 2 1

ISBN 3-473-46162-8

CIP-Kurztitelaufnahme der Deutschen Bibliothek

Aktion Schmetterling :
so können wir sie retten /
Josef Blab ... – Ravensburg : Maier, 1987.
ISBN 3-473-46162-8

NE: Blab, Josef [Mitverf.]

INHALT

HECKEN

ACKER UND ÖDLAND

STÄDTE UND DÖRFER

UFER

MOORE

DIE ALPEN

VORWORT

Schmetterlinge sind Wunder der Natur, vielleicht die schönsten Wesen der Tierwelt überhaupt. Ihre zarte Erscheinung bezaubert uns. Schmetterlinge und Sonnenschein – das ist für uns praktisch eins. Den gaukelnden Flug der Falter über blumenbunte Wiesen empfinden wir als verspielt, ihre Nahrungsaufnahme erscheint uns als Nascherei am Nektar, ihr Balzflug als Tändelei. Und so haben denn die »Sommervögel« eine große Bedeutung für unsere Gefühlswelt: Sie sind uns Symbole unbeschwerter Schönheit und verspielter Lebensfreude.

Dieses Buch berichtet über faszinierende Eigenschaften der Schmetterlinge. Wer verlernt hat, sich zu wundern, der kann diese Fähigkeit bei aufmerksamer Lektüre vielleicht zurückgewinnen. Der Bund für Umwelt und Naturschutz Deutschland e.V. (BUND) will mit diesem Buch den Faltern neue Freunde gewinnen, die Liebe zu ihnen vertiefen oder neu wecken und für ihren Schutz alle Kräfte mobilisieren. Detailliert schildert das Buch die Ursachen für das bestürzende Verschwinden unserer Schmetterlinge und sagt, was zu ihrem Schutz getan werden muß. Umfassender Schmetterlingsschutz ist keine einfache Aufgabe. Bei Betrachtung der Ursachen für den Rückgang der Schmetterlinge stoßen wir auf die Schlüsselprobleme im Naturschutz überhaupt:

Aufgabe traditioneller Wirtschaftsformen in Land- und Forstwirtschaft zugunsten technisierter, großflächiger Anbauweise in Monokulturen. Chemie, Überdüngung, Entwässerung, Begradigung, Vernichtung einer ehemals schönen, vielfältigen Kulturlandschaft und Verarmung der Tier- und Pflanzenwelt sind bezeichnende Begriffe und Folgeerscheinungen für diese Entwicklung. Nicht zuletzt regnen Schadstoffe aus Schornsteinen und Auspuffrohren auf die malträtierte Landschaft herab, versäuern und überdüngen den Boden.

Um auch nur die heutigen Reste unserer Schmetterlingsfauna zu bewahren, bedarf es daher größter Anstrengungen. Es ist nötig, daß wir alle im eigenen Lebensbereich zunehmend umweltbewußt handeln. Es ist unerläßlich, daß sich ein Heer von Naturschützern um den Erhalt und Schutz wertvoller Lebensräume bemüht.

Der Erhalt der »Restnatur« ist schwer genug. Aber wir dürfen uns damit allein nicht begnügen: Es gilt heute, für die gequälte Natur Lebensraum zurückzugewinnen. Dazu brauchen wir viele kritische, unbefangene Köpfe, die sich auch mit den gesellschaftlichen Rahmenbedingungen für eine naturbewußtere Wirtschaftsweise insgesamt befassen. Und die Natur- und Umweltschutzverbände müssen als Lobby der Natur gestärkt werden.

Ich bitte jeden Leser um Hilfe bei der Bewahrung und Rückeroberung von Lebensräumen für die Schmetterlinge. Erhalten wir uns diese Symbole von Unbeschwertheit und Schönheit, statt sie den sogenannten Sachzwängen einer längst zur Gefahr gewordenen Fortschritts- und Wachstumsideologie zu opfern.

Prof. Dr. Gerhard Thielcke
Stellvertretender Vorsitzender des
Bund für Umwelt und Naturschutz
Deutschland e.V. (BUND)

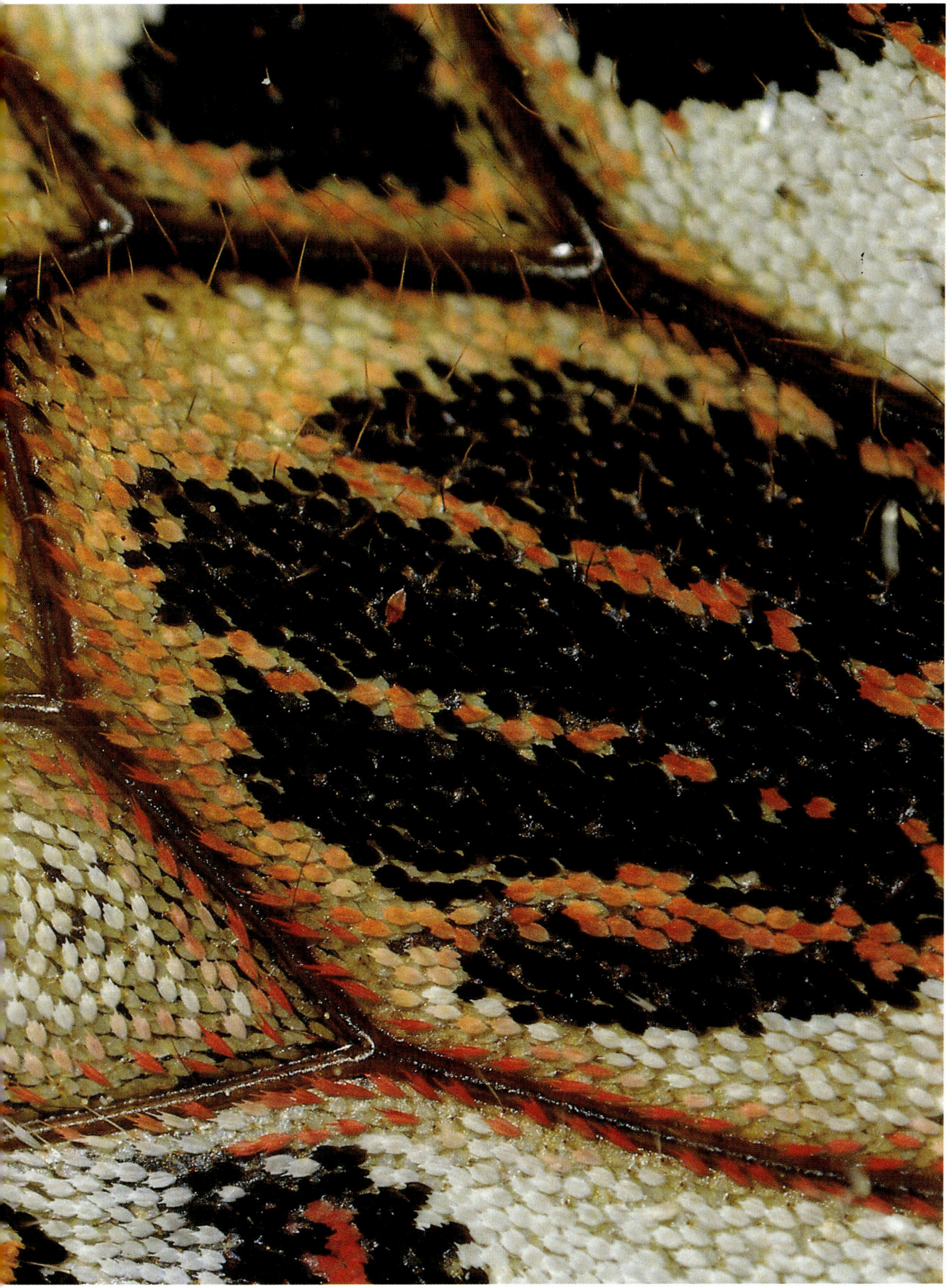

METAMORPHOSE: VOM EI ZUM SCHMETTERLING

Die Schmetterlinge gehören zur Gruppe von Insekten mit einer vollständigen Metamorphose, vier völlig verschiedenen Entwicklungsstadien: Ei, Raupe, Puppe, Falter (Imago). Der Schmetterling ist bei seiner »Geburt« vollständig entwickelt und ausgewachsen.

Nach der Paarung beginnt das Weibchen mit der Eiablage. Die Eier – ihre Anzahl variiert von Art zu Art von einigen Dutzend (Schwalbenschwanz) bis zu mehreren tausend (Spinner, Eulen) – werden vom Weibchen meistens direkt an die Futterpflanze der Raupe geklebt.

Form und Feinstruktur der Eier (Durchmesser ca. 1 mm) sind sehr vielfältig und für jede Art kennzeichnend, ein Schmetterling kann schon allein aufgrund des Eies bestimmt werden. Kurz vor dem Schlüpfen, rund 10 Tage nach der Eiablage, schimmert das Jungräupchen dunkel durch die Eihülle.

Als erste Nahrung verzehrt das Jungräupchen meist die Eischale und macht sich dann unverzüglich über die Futterpflanze her. Die Freßlust einiger Arten ist verblüffend. Die Raupe des Schwalbenschwanzes vermag ihr Gewicht innerhalb von zwei Wochen zu vertausendfachen. Alle Raupen häuten sich in ihrem Leben vier- bis fünfmal, denn die Raupenhaut ist nur begrenzt dehnbar.

Vor der Häutung stellen sie das Fressen ein und verharren bis zu drei Tage praktisch regungslos an der gleichen Stelle. Die meisten Raupen verändern ihr Aussehen mit jeder Häutung; die alte Haut wird in der Regel aufgefressen.

Die allermeisten Raupen sind Vegetarier, doch gibt es einige wenige »Mordraupen«, vor allem aus der Nachtfalterfamilie der Eulen, die auch Raupen auffressen, ja gelegentlich selbst vor Artgenossen nicht zurückschrecken. Zahlreiche Raupen sind monophag, d.h. sie leben nur auf einer Pflanzenart oder

-gattung, andere sind in Sachen Futter weniger wählerisch und fressen auf den unterschiedlichsten Pflanzen.

Zur Verpuppung suchen sich die Raupen, die im allgemeinen nach etwa vier bis fünf Wochen erwachsen sind, nicht selten weit weg von der Futterpflanze eine geschützte Stelle.

Selbst die Art der Verpuppung ist bei den Schmetterlingen sehr vielfältig. Viele Schmetterlingsraupen verpuppen sich am Boden in einem Gespinst zu Mumienpuppen (die meisten Nachtfalter) oder kopfabwärtshängend zu Stürzpuppen (z. B. Tagpfauenauge), wieder andere in einem Seidenfaden festgesponnen zu Gürtelpuppen (z. B. Schwalbenschwanz).

Das Puppenstadium dauert je nach Art von ein paar Tagen bis zu mehreren Jahren. In der Puppe vollzieht sich die eigentliche Metamorphose, die Umwandlung von der Raupe zum Schmetterling. Kurz vor dem Schlüpfen des Falters schimmern dessen Flügel bereits durch die Puppenhülle. Der eigentliche Schlüpfvorgang dauert meistens nur wenige Sekunden. Die Flügel des frischgeschlüpften Falters sind noch stark gefaltet und zerknittert. Um sie zu entfalten, hängt sich der Falter an einen Zweig und pumpt Luft und Blut in die Flügeladern.

Der Großteil der Falter lebt nur wenige Tage, die meisten Arten können aber trotzdem über mehrere Wochen an der gleichen Stelle beobachtet werden, weil nicht alle Falter gleichzeitig schlüpfen. Meistens erscheinen die Männchen ein paar Tage vor den ersten Weibchen.

Metamorphose des Schwalbenschwanzes: (Fotos entgegen der Uhrzeigerrichtung) Ei; Jungraupe verzehrt Eischale; Raupe in zweiter Haut; Raupe in dritter Haut; ausgewachsene Raupe in vierter Haut; Raupe hängt sich zur Verpuppung auf; Gürtelpuppe; Puppenhülle reißt auf; Falter zwängt sich hinaus; frisch geschlüpfter Falter mit noch zerknitterten Flügeln; Falter mit völlig entfalteten Flügeln, Oberseite; Unterseite.

MIT DEN SCHMETTERLINGEN STIRBT UNSERE SEELE

Das Gras kitzelt mich am Bauch. Ich robbe durch einen dichten grünen Dschungel. Der dumpfe Atem des Bodens steigt mir in die Nase, mischt sich mit dem herben Duft der grünen Stauden, die über meinem Kopf zusammenschlagen und mich perfekt verbergen bei unserem täglichen Kinderspiel in der Dorfwiese. Pollen und Schuppen, abknickende Halme, Blätter und fliegende Samen regnen auf mich herunter, Grillen zirpen die Begleitmusik dazu, und die Luft durchziehen Gerüche aller Art. Um mich herum Blumen und nochmals Blumen, ich erkenne die Kräuter an ihren Ausdünstungen sowie die Gräser allein durch das Gefühl auf der Haut. Die Wiese ist ein buntes Meer, eine riesige Welt für mich Dreikäsehoch, stehend noch sehe ich kaum über die farbige Wildnis hinaus.

Bienen und Wespen jagen dahin, Hummeln taumeln schwergewichtig dazwischen, aber ich beachte sie kaum. Ich bin völlig versunken, konzentriert, auf der Jagd; ich schleiche durch meine kleine grüne Welt, mal ein paar Meter schnell, dann geduckt, verharrend, bis der Schatten über mein Opfer fällt, bleibe Sekunden reglos gespannt auf Zehenspitzen, die Augen aufgerissen, langsam und lautlos, dann blitzschnell, die Hände schließend, die Blüte bleibt darin hängen, wird abgerissen, was tut es – ich habe ihn! Der arme Kerl flattert verzweifelt. Laß es doch lieber, du wirst nur deine Schuppen verlieren, den blütenfeinen Staub von deinen Flügeln. Aber jetzt hat er ausgestrampelt, ich fasse ihn sanft oben an den Flügeln, betrachte fasziniert das wunderschöne farbige und doch fast durchsichtige schwerelose Geschöpf, das mir aus zwei Augen stumm entgegenblickt. Ein Tagpfauenauge. Fast 20 Minuten lang habe ich den ruhelosen Gesellen verfolgt, der mich narrte und lockte. Kaum war ich in seiner Nähe, schreckte er wieder hoch und huschte davon. Die Sonne half ihm bei dem Spiel, das er mit mir trieb, denn sobald er hochstob aus dem dunklen Grün, im Zickzack davonschwirrte, sah ich nichts mehr, blinzelte an gegen den strahlend hellen Himmel. Kaum wollte ich jedoch resignieren, tauchte er wieder auf wie hergezaubert, demonstrierte mir foppend seine Pirouetten, Sturzflüge und Senkrechtstarts. Welche Flugtechnik, scheinbar befreit der Schwerkraft.

Aber jetzt war er mein – Triumph kindlicher Geduld. Der dritte an diesem Tag, und er hatte es mir wahrlich schwer gemacht. Mit meinen zehn Jahren war ich schon ein Profi in der Hatz durch die Blumenwiese, nichts vertrieb mir die Sommernachmittage schneller: Ich war fasziniert von der täglichen Jagd auf Schmetterlinge. Seit jeher haben Schmetterlinge die Menschen begeistert, aber ich war ihnen zeitweise geradezu verfallen. Sie waren so bunt wie meine Träume, so verletzlich wie meine Wünsche.

Und so ließ ich sie meist gleich wieder frei, mein Ziel war nur die Jagd, schon in den Triumph des Erhaschens, in das flüchtige Glück dieses Augenblicks mischte sich die Angst vor der Zerstörung. »Ohne den Schuppenstaub können sie nicht mehr fliegen«, behauptete meine Mutter, und so ängstigte mich ihr wildes Flügelschlagen in meinen Händen, hinterließ der bunte Staub an den Fingern auch Gewissensbisse.

Nur kurze Zeit währte dagegen mein Sammlertrieb. Mein Biologielehrer, der im Sommer oft über den Berg zu uns ins Dorf kam, immer mit dem Netz hinter den Faltern in diesem abgelegenen Bergwiesenparadies her, hatte eh schon jeden Schmetterling aufgespießt in den zahllosen Sammlerschränken seines Hauses.

Ein Heufalter morgens auf einer Blüte, noch vom Tau benetzt.

Alle Weißlingseier sind typisch länglich wie im Bild rechts.

Flügelausschnitt des Kleinen Nachtpfauenauges.

Keiner Fliege konnte dieser unschuldige, ganz in seiner Falterwelt lebende Biologiedoktor etwas zuleide tun, aber wehe, er entdeckte auch nur einen Falter mit ungewohnter Färbung, flugs war der alte Mann flink wie ein Kind und hatte ihn auch schon im Netz. Einer für alle – jede Art sowieso, jede Klasse, jede Farbnuance mußte er einfach im Kasten haben – aufgespießt. Bei aller Ehrfurcht vor dem Zauber der Natur, er wollte sie griffbereit bunt um sich haben. Ich gab mich mit Eindrücken zufrieden, mit dem ziellosen Spiel auf der Wiese, dem Fängerblick und dem kumpelhaft-kindlichen Stolz, wenn ich ihnen die Freiheit wiederschenkte, zusah, wie sie leicht zerzaust und noch benommen davontaumelten. Ich wollte sie nicht töten und besitzen, wollte lieber mit ihnen leben, sprach sogar mit ihnen. Bald wurde mir die Wiese im Dorf zu eng, ich spürte den Lauf der Bäche nach, verfolgte die Falter in den Wald und traute mich jeden Tag ein Stück weiter den Berg hoch. Ich wußte noch nicht, wie abgeschieden dieser Flecken im Allgäu war und daß nur deshalb unsere Welt noch so bunt war. Brav und mühsam streuten die Bauern hier noch alten verrotteten Mist auf die Wiesen, wußten wenig von Kunstdünger, Ladewagen und Heutrocknungsanlagen.

Und was ich alles fand und fing: jeden Tag eine neue Art, die ich vorsichtig mitnahm ins Pfarrhaus, im großen Bestimmungsbuch dort schnell suchte, ehe ich den erkannten, mit dem Namen auch seines ersten Geheimnisses beraubten Falter wieder ins Licht entließ. Kleiner Fuchs und Tagpfauenauge, Schwalbenschwanz und Segelfalter lockten mich schon nicht mehr, flatterten ja an jedem Eck. Nur dem Zitronenfalter blieb ich stets auf den Fersen, er war ganz besonders schön, blitzschnell, im Licht kaum zu sehen.

Ich spähte nach Kaisermantel und Samtfalter, nach dem vornehmen Baumweißling, und ruhelos war ich immer hinter meinem Traumfalter her! Beim Baden hatte er sich mir erstmals unverhofft auf die Nase gesetzt. Schläfrig in der Sonne dösend, schien er mir zunächst recht farblos. Aber da regte er sich nur ein wenig und begann zu glitzern, zu schillern, von links nach rechts überzog ihn ein blauer Streif, die Farbe kam und verschwand mit jedem Flügelzucken – ein Wunder. Dann blieb er wieder reglos sitzen, und schon hatte ihn die Farbe des Holzes geschluckt.

Ich fing ihn, rannte mit der Beute zum Pfarrer, und der wußte Bescheid: Ein Schillerfalter war es, nie mehr würde ich diesen Namen vergessen. Eine Rarität, die bei uns, wie der Pfarrer meinte, noch nie gefangen worden sei.

Von da an fühlte ich mich als Entdecker, ernstgenommen von gescheiten Erwachsenen, mein Forscherdrang nahm neue Formen an. Ich stöberte versteckte Nachtfalter auf, mußte allen Mut zusammennehmen, um einen schlafenden, für mich geradezu riesigen Oleanderschwärmer von einer Wand zu lösen und das erwachende Tier, das mit Wucht gegen meine Hände tobte, heimzutragen. Drei Tage beobachtete ich ihn im Zimmer, entließ ihn erst schweren Herzens, als meine Mutter über die Flecken klagte, die der große dunkle Gast hinterließ.

Ich fing das Nachtpfauenauge und freundete mich sogar mit Raupen an, vor denen mich lange die Berührungsangst hatte zurückschrecken lassen. Jetzt erst ging mir auf, wie bunt auch sie waren, ja wie ungeheuer fremdartig manche offen daherstolzierten, andere nur mit viel Wissen in ihren Verstecken zu entblößen waren. Auf einem Kartoffelacker, dem letzten in unserem Bergdorf, stieß ich gar auf einen wahren Raupenriesen, grün, dicker als mein Daumen, nackt, ohne all die Dornenbüschel anderer Raupen, nur mit einem großen Horn mitten auf dem »Kopf«. Vorsichtig schubste ich das wulstige Tier in eine Schachtel, gab reichlich Grünzeug dazu, schnitt daheim Löcher in den Karton – und suchte dann jeden Morgen nach meiner Raupe. Stets war sie ausgerückt, steckte irgendwo hinterm Schrank, fest angeklammert mit ihren kleinen, aber starken Saugnapffüßchen. Und dann, über Nacht, die Verwandlung: Am Morgen lag in der Schachtel statt dem grünen Ausreißer nur noch eine leblose, schwarze »Bohne«. Die Raupe hatte sich verpuppt, bei mir, jetzt war ich zum Züchter avanciert!

Die Raupe des Wolfsmilchschwärmers, die mit ihrer Warntracht Giftigkeit signalisiert.

So leblos freilich war das Ding nicht, bei einer Berührung entsetzte mich die Puppe, die für mich zu einer magischen »black box« geworden war, mit einer Bewegung. Leider fand meine Zucht kein Happy-End, die Puppe ging ein, aus der toten Hülle wollte nicht der ersehnte Totenkopf herauskriechen. Dieser Schwärmer, unser größter heimischer Schmetterling überhaupt, wie es in meinem Bestimmungsbüchlein hieß, war mit dem Kleinklima in meinem winzigen Schlafzimmer vielleicht nicht zufrieden.

Aber nicht nur die Riesen, auch die Zwerge faszinierten mich. Bis heute sind die zutraulichen, meist träge in der Gruppe auf einer Blume dösenden Widderchen meine Lieblingsfalter geblieben. Oft als Käfer verkannt, schauen sie auch aus wie zu groß geratene Marienkäfer, scheinen ohne jede Hast tatsächlich dem Bibelspruch zu frönen: Seid wie die Vögel, kümmert euch nicht . . .

Viel später erst erfuhr ich, was sie so souverän und sorglos in der Sonne ruhen ließ: Ihr auffälliges, rotgeschecktes Kleid warnt alle Feinde vor der Blausäure in ihrem Körper.

So häufig die einen Schmetterlinge, so selten damals schon die anderen: Einmal nur fiel mir ein seltsam grün gefärbter Falter in die Hände, für den auch das Buch des Pfarrers zu klein war. Erst mein Biolehrer benannte die Rarität: »Das Grüne Blatt«, fast glaubte ich, der liebe Herr Doktor würde flunkern ob dieses seltsamen Namens.

Kindheitsträume – schöne Träume. Verklärte Idylle nur, kitschige Erinnerung? Oder der Rück-Blick in eine doch etwas heilere Welt? Diese Frage haben sich schon viele gestellt:

»Ich habe beobachtet, daß die Schmetterlinge aussterben. Oder werden sie nur von den Kindern gesehen? Als ich zehn Jahre alt war, verkehrte ich auf den Wiesen von Weidlingau ausschließlich mit Admiralen. Ich kann sagen, daß es der stolzeste Umgang meines Lebens war. Auch Trauermantel, Tagpfauenauge und Zitronenfalter machten einem das junge Leben farbig. Vanessa, Vanessa cardui – Vanitas Vanitatum! Als ich nach manchem Jahr wiederkam, waren sie alle verschwunden. Die Mittagssonne dröhnte wie ehedem, aber kein Farbenschimmer war sichtbar, dafür lagen Fetzen von Zeitungen auf der Wiese. Später erfuhr ich, daß man das Holz der Wälder zur Herstellung des Druckpapiers gebraucht hatte und daß bei der Fülle der Informationen die Schmetterlinge im Übersatz bleiben mußten.«

Karl Kraus

Nein, es ist nicht nur die abgenutzte Rede von der guten, alten Zeit, nicht bloß der Spruch von der armen aber schönen Kindheit. Es ist bereits was anderes, wenn man die Welt jahrelang barfuß erlebt, be-griffen hat. Anders geworden jedoch ist weniger diese Art wie wir, sondern in was wir inzwischen hineingewachsen sind.

Immer noch flattern mir Schmetterlinge entgegen, wenn ich meine kleine Welt von damals besuche. Aber wie viele noch? Wo sind all meine seltenen Freunde abgeblieben? Wo sollen sie auch noch leben, denn meine in der Phantasie wohlbehütete Idylle, sie ist verschwunden: Die Dorfwiese ist verbaut, der Bach säuberlich in Granit gebettet, das Gras auf den anderen Wiesen wird kurzgehalten wie ein Rasen, die Bergwiesen verfallen ungemäht, verganden unter braunem Gras – wo soll ich meinen Kindern die Blumen meiner Kindheit zeigen? Die Wiesen tot und stumpf grün, viele aufgeforstet mit Fichten, zwischen die kein Licht und kein Leben dringt – wo sollen die Schmetterlinge noch leben? Sicher, es ist nur ein kleiner Fleck, den ich so gut kenne, aber der war einst ein Paradies und dessen Tod kann ich quadratmeterweise belegen.

Und mit den Schmetterlingen, mit der Natur hat sich die Landschaft verändert, das ganze Dorf – sogar die Menschen. Auch Dörfer sterben, weil die alte Harmonie zwischen Mensch und Natur, gerade in den letzten 30 Jahren, zerbrochen ist. Die Schmetterlinge sind das Symbol für das Verschwinden einer Zeit, die nicht bloß ein Kindheitstraum war, die noch lebte und leben ließ.

Wir haben unseren Kindern die Welt gestohlen, den Duft, die Farbe, das Kitzeln des Grases. Unsere Welt stirbt, so wie wir die Schmetterlinge ausrotten. Die zarten Falter sind mehr als über

Ein Kleinschmetterling auf einem Veilchen (links).

Die Puppe des Violetten Silberfalters glänzt metallisch und schreckt so die Vögel ab.

Blüten gaukelnde zerbrechliche Tiere – sie sind das spielerische Bild, das die Natur von sich selbst produziert, als ihr Wesen ins Sonnenlicht gesetzt hat. Schmetterlinge sind ein Symbol des Lebens, sie können nur in einer reichen Natur existieren.

Es ist nicht viel für sie anzuführen in jener sonderbaren Haushaltsrechnung der Natur, dem Soll-und-Haben-Denken, das sich immer breitermacht, der vernetzten Welt, in der nur noch gilt, was mitwirkt, was Funktion hat und Wert. Viel Wert haben sie wahrlich nicht, mit keiner Katastrophe können die Naturfreunde drohen, wenn bei der Vernichtungsschlacht gegen die Natur auch die Schmetterlinge nebenbei, ganz leise, verschwinden, als bunte Tupfer auf der Bühne erlöschen. Deswegen geht uns nichts ab, nichts passiert. Oder doch? Vielleicht ist es viel schlimmer, daß eben nichts geschieht, daß wir gar nicht mehr aufmerken in unserer toten, grauen Welt in ihrer einheitsgrünen Verkleidung.

Wir sind nicht am Herz getroffen, nicht an den Muskeln, die Natur bleibt uns brav untertan. Nur: Mit den Schmetterlingen verschwindet die kreative Schönheit, die nutzlose Phantasie, das freie Spiel, der kurzlebige Rausch, das Nippen am Nektar, der Tanz auf vielen Blüten, Kelchen, Narben. Nichts geht kaputt – nur die Ästhetik ist dahin. *Mit den Schmetterlingen stirbt unsere Seele.*

Viele Sprachen kennen diese enge Beziehung, im Russischen etwa gibt es nur ein Wort für Seele und Falter. Das ist ein altes magisches Naturverständnis, in dem Platz bleibt auch für nutzlose, lediglich schöne Geschöpfe, die nur ziellos umherschwirren. Wie tief sind wir gesunken, daß wir die Natur berechnen, funktional nach Zweck und Nutzen vernetzen wollen. Es ist das unselige Denken in Darwin-Kategorien, das in der Natur nur Kampf sieht und den Menschen in der Verteidigung. Der Kampf um den Vorteil soll die Natur, wie es die Rede von der Evolution will, sogar entwickelt haben. Aber wie passen die Schmetterlinge in dieses Weltbild? Mir scheint, die Schönheit ist in der Natur (und bei den Menschen) noch bestimmender als der Kampf, als der Sozial-Darwinismus, als die Welt der englischen Kapitalisten des 19. Jahrhunderts, die Darwin so »natürlich« erschien, daß er sich die Natur als Schlachtfeld unterschiedlicher Interessen ausmalte.

Die Natur hat auch sanfte Elemente, schwerelose Wesen, die schwer zu verteidigen sind:

Die Raupen der Apfelgespinstmotte überziehen Büsche und Bäume mit ihrem Gespinst. Die Pflanzen überstehen das unbeschadet.

Die Spinnermännchen riechen mit ihren kammartigen Fühlern die Weibchen über große Distanzen.

»Im Sinne einer kybernetischen Ökologie erscheint das Federgeistchen ganz unerheblich, es schlägt nicht groß zu Buche, genau genommen überhaupt nicht: Natürlich können die Raupen des Federgeistchens von Vögeln gefressen werden; aber wenn es das Federgeistchen nicht gäbe, würden die Vögel keineswegs verhungern. Und die Ackerwinde, deren unterirdische Rhizome ihr das Überleben sichern, wird von den Raupen des Federgeistchens, die sich von ihr nähren, nicht ernstlich in ihrer Ausbreitung gehemmt. Das heißt: Für die rechnerische Ökologie ist das Federgeistchen überflüssig bis dorthinaus.

Das spricht aber nicht gegen das Federgeistchen, sondern gegen eine Ökologie, die, kaum daß sie von den vielfältigen Verkettungen des Lebens ein bißchen begriffen hat, gleich glaubt, sie könne es in ein großes Programm vom Walten der Natur umsetzen.

Wer weiß denn wirklich, ob nicht sogar das Federgeistchen in irgendeiner noch ganz unbekannten Weise eine große Rolle im »System« spielt, ob es also wirklich so entbehrlich ist, wie es dem Rechner erscheinen muß?

Und, wichtiger noch: Wo steckt denn in der ökologischen Kalkulation die Bewertung der ungeheuerlichen, aber »ökologisch irrelevanten« Tatsache, daß das Federgeistchen der einzige Schmetterling ist, der seine wie Vogelfedern gebauten Hinterflügel in der Klapptasche seiner mit Längsscharnieren versehenen Vorderflügel verstecken kann?

Es kommt nicht vor in der Kalkulation. Stürben die Federgeistchen aus – die Ökologen würden es gar nicht merken, denn die Statistik würde davon kaum berührt und der Naturhaushalt litte nicht darunter, aber: Die Erfindung der federigen Hinterflügel in Verbindung mit den klappbaren Vorderflügeln wäre ein für allemal dahin.

Daß hier ungehobene Schätze vernichtet werden, unzählige Arten, die durch nichts anderes von Bedeutung sind als durch ihre Einmaligkeit oder ihre Schönheit – dafür fehlen der Ökologie die Worte: So wenig sie einen Begriff für die Einmaligkeit hat, so wenig sie also das Federgeistchen wirklich zu schätzen weiß, so wenig weiß sie, was Schönheit ist.

Was die Schönheit angeht, so hat diese freilich, wenn man alle Bedürfnisse des Menschen in die Betrachtung einbezieht, auch ihre »ökologischen« Funktionen. Aber die sind schwer zu fassen, nicht zu messen, auch wohl widersprüchlich. Die Schönheit einer Wüste, eines Berges oder eines Schmetterlings: Wer wollte die Kausalketten beschreiben, die sich daran anknüpfen können, aber wer wollte leugnen, daß es solche Kausalketten gibt?

Am ehesten wird man noch die Folgen der Abwesenheit von Schönheit dingfest machen können. Ödheit und Tristheit als Ursachen für Krankheit, Unzufriedenheit, Hoffnungslosigkeit – auch dies ist Ökologie.« *Jürgen Dahl*

Zugegeben: Wer interessiert sich heute noch für die Seele. Wen kümmert es, wenn mit Blumen und Schmetterlingen die Farbe aus unserer Welt verschwindet, unsere Natur ihr Gesicht verliert. Es war eben der Preis für den Fortschritt, und das bißchen Schaden werden wir schon wieder zurechtgrünen, und dann werden die Falter auch wieder auftauchen aus der Versenkung. In Scharen wie die so oft verloren geglaubten Maikäfer.

Ein bißchen Wahrheit steckt stets im Zynismus. Die Natur ist ungeheuer zäh, rappelt sich immer wieder hoch. Von selbst oder mit menschlicher Hilfe: Wie hingezaubert wachsen plötzlich wieder Blumenwiesen, so sie nur dürfen, wenn die intensive Landwirtschaft gebremst wird, wenn neue alte Bauern auf den eigenen Mist setzen statt auf Kunstdünger und Gülle-Überschwemmung.

Der Witz ist nur: Die Vernichtung der Blumenwiesen, die Ausrottung der Falter bedeutete für den Bauern nur einen Pyrrhussieg. Jetzt fuhr er zwar mehr Futter in die Scheune, und die Kühe gaben mehr Milch, aber da fast alle Bauern dem modernen Trend zur Masse folgten, ließ sie sich nicht mehr verkaufen, der Fleiß der Bauern betrog sie nur selbst. »Wachsen oder weichen«, die unerbittliche Darwin-Devise, raubte Tausenden von Bauern die Existenz. Eine soziale Schicht verschwand fast so lautlos wie ausgerottete Pflanzen: Erst die Blumen, dann die Falter, schließlich die Bauern selbst – der Feldzug gegen die Natur geriet zur Selbstvernichtung.

Dies ist die ganze Tragik: Trotz der lautstarken Diskussion über die Umweltverschmutzer in der Industrie, über Autofahrer und Kernkraftwerke, die schlimmste Veränderung der Natur hat sich schleichend, fast unbemerkt durchgesetzt. Es ist die landwirtschaftliche Revolution, die Industrialisierung der uralten bäuerlichen Ordnung. Die Blumenwiesen, die Plenterwälder, die Hecken und Teiche in der Landschaft, überhaupt fast alles,

Balzflug des Eros-Bläulings.

Der Schillernde Mohrenfalter funkelt je nach Lichteinfall regenbogenfarben.

was wir als Schönheit der Natur preisen und empfinden, ist gar keine ursprüngliche Natur, sondern war das Werk traditionell denkender Bauern. Die vielen Blumen auf den Wiesen waren Heilkräuter für das Vieh, das Gras durfte hoch wachsen und wurde zu kräftigem Heu. Weniger war mehr. Weniger Futter mit mehr Qualität: Heute geben die Kühe 2000 Liter Milch mehr im Jahr, aber im Schnitt halten sie das nur noch vier Jahre durch . . .

Kurz: Es war ein Irrweg, der wenigen Betrieben Gewinn bescherte, die meisten jedoch in die Krise stürzte, zur Aufgabe zwang, die Bauern »proletarisierte«. Der Bauer produziert Überfluß und wird dabei selber ärmer.

Mit Unmengen von Dünger, Pflanzengiften, schwerem Gerät, häufigem Schnitt der Wiesen, allen züchterischen Tricks wurden die Leistungen auf den Bauernhöfen gesteigert und die Landschaft ruiniert: Für die Mechanisierung wurden Hecken und Obstbäume gerodet, Feuchtwiesen entwässert, Weiher und Gräben zugeschüttet – Flurbereinigung:

VERKOPPELUNG

Es geht ein Mann durch das bunte Land;
Die Meßkette hält er in der Hand.

Sieht vor sich hin und sieht sich um;
»Hier ist ja alles schief und krumm!«

Er mißt wohl hin und mißt wohl her;
»Hier geht ja alles kreuz und quer!«

Er blickt zum Bach im Tale hin;
»Das Buschwerk dort hat keinen Sinn!«

Zum Teiche zeigt er mit der Hand;
»Das gibt ein Stück Kartoffelland!«

Der Weg macht seinen Augen Pein;
»Der muß fortan schnurgerade sein!«

Die Hecke dünket ihm ein Graus;
»Die roden wir natürlich aus!«

Der Wildbirnbaum ist ihm zu krumm;
»Den hauen wir als ersten um!«

Die Pappel scheint ihm ohne Zweck;
»Die muß da selbstverständlich weg!«

Und also wird mit vieler Kunst
Die Feldmark regelrecht verhunzt.

Hermann Löns (1930)

Der Kleine Schillerfalter saugt Feuchtigkeit am Boden auf.

Inzwischen sind Besinnung und Katzenjammer eingekehrt: Eine chaotische Agrarpolitik, die Vertreter der an der Landwirtschaft verdienenden Industriefirmen, die »Berater« aus den Landwirtschaftsämtern, es war eine »konzertierte Aktion« ins blinde Wachstum. Rückkehr zum Qualitätsdenken, Umkehr zur traditionellen biologischen Landwirtschaft (die ja mitnichten eine neue, alternative Erfindung ist) – das wäre die Chance für eine wieder naturnahe Landwirtschaft.

Andere Umweltprobleme mögen sich technisch lösen lassen – Entschwefelung, Katalysator –, in der Landwirtschaft, bei den Bauern dreht es sich dagegen um eine zweite ideologische Revolution. Nach dem Ruck in die Moderne, ins finanzielle Denken, weg vom altmodischen Bauern-Image jetzt wieder zurück in alte Beschaulichkeit? Ein Salto mortale? Er kann nur gelingen, wenn die Bauern spüren, wo ihre, unsere Zukunft liegt. Ihren Betrieb retten und hundert Blumen blühen lassen, das ist ein- und dasselbe.

Nichts gegen den eifrigen Naturschutz, alles für spezielle Schutzprojekte, für den Apollofalter oder den Schwalbenschwanz, aber die Schmetterlinge werden uns und unsere Kinder erst wieder faszinieren, wenn die Agrarwüste, zu der unsere Landschaft weithin verkümmert ist, wieder zu leben beginnt.

Karl Kraus, gewiß kein Sentimentalist, war nicht der einzige Literat, der sich von den Schmetterlingen fasziniert zeigte. Der berühmte russische Schriftsteller Vladimir Nabokov war eigentlich ein Lepidopterologe, ein Schmetterlingsforscher, der auch mit vielen wissenschaftlichen Arbeiten ausgewiesen war, selber eine große Sammlung hatte, aber auch in all seinen literarischen Arbeiten immer wieder die Schmetterlinge einflocht. So in dem Gedicht »Entdeckung«, aber auch in seinem berühmten Roman »Lolita«. Ein anderes Beispiel ist Lewis Carroll mit seinem Märchen »Alice im Wunderland«. E.T.A. Hoffmann hat sich einen Schmetterling sogar auf seinen Grabstein in Berlin-Kreuzberg setzen lassen. Auf vielen christlichen Grabmälern ist der Schmetterling Symbol für Sterben und Wiedergeburt. Er stellt auch hier die unsterbliche Seele dar, die sich mit dem Tod aus der sterblichen Hülle des Menschen befreit, so wie ein Schmetterling aus der Puppenhülle schlüpft.

Schmetterlinge haben über die Jahrhunderte eine große kulturelle Rolle gespielt. Ihre phantasievollen Farben, das elfenhafte Wesen haben immer wieder Philosophen, Wissenschaftler, Schriftsteller und Künstler zu Phantasie und Traum angeregt. Schon in Wandmalereien der Pharaonengräber tauchen Schmetterlinge auf. Und selbst Buddha soll die letzte Rede vor seinem Tod an die Schmetterlinge gerichtet haben, von denen er mehr gelernt habe, als aus allen weisen Schriften.

Im klassischen Altertum galten die Falter als Symbol für Anmut und Liebe, etwa bei Eros und Aphrodite oder im Märchen von Amor und Psyche, wo die wunderschöne Jungfrau selbstredend mit Schmetterlingsflügeln geschmückt erscheint.

Im Mittelalter dagegen galten Schmetterlinge oft als Hexen, die auch Milch und Butter verdarben. Von daher rührt anscheinend auch der deutsche Name Schmetterling: »Schmetta« bedeutet soviel wie Milchsahne. In eine ähnliche Richtung weist auch der englische Begriff »butterfly«.

In der Kunst fanden die Schmetterlinge einen Höhepunkt zwischen 1750 und 1800. Viele kunstvoll handgezeichnete Blätter wurden damals in Kupfer gestochen und von Hand koloriert. Solche Stiche sind bereits 1650 in der berühmten »Welt der Tiere« von Merian enthalten.

Das Schmetterlingsmotiv hat sich aber bis heute vielen Künstlern immer wieder aufgedrängt. Berühmt geworden sind beispielsweise Spitzwegs »Schmetterlingsfänger« (1840), oder die Jugendstilwerke von Heinrich Vogeler zur Jahrhundertwende. Besonders mit den Faltern beschäftigt haben sich bis heute die Surrealisten, oder auch phantastische Realisten wie Friedrich Hechelmann, bei dem die Falter sich schon fast in nichts auflösen, mit der Natur in eins verschmelzen. Hechelmann sieht im Schmetterling ein Urmotiv des Menschen überhaupt: So sollen etwa im Konzentrationslager Auschwitz die Kinder in ihrer Verzweiflung besonders häufig Schmetterlinge gemalt haben. »Das war für sie die Hoffnung auf Freiheit, der Wunsch, einfach davonzufliegen«, meint Hechelmann.

Kein Wunder daher, daß Schmetterlinge auch in Gedichten immer wieder auftauchen. Von Dschuang Dse bis Mörike, von Andersen bis Eichendorff, Trakl und Heym bis hin zu Fontane.

Anscheinend also ist es doch nicht so wenig, was wir verlieren, wenn wir die Falter so einfach ausrotten, auch wenn sich das nicht ökonomisch berechnen läßt. Außerdem wissen wir noch nicht einmal, was wir in der Welt der Schmetterlinge und in unserer Beziehung zu ihnen noch alles entdecken können. Viele Arten, besonders der zahllosen Nachtfalter, haben wir bereits ausgerottet, noch ehe sie überhaupt mit einem deutschen Namen getauft wurden. Und die Vielfalt der phantastischen Falterwelt läßt sich heute, wo wir in der Regel nur Allerweltsarten wie den Kohlweißling etwa zu Gesicht bekommen, allenfalls noch in den riesigen Sammlungen etwa des Walter Rothschild (1868–1937) erahnen. Der steinreiche Sproß der berühmten Familiendynastie ließ zeitweilig bis zu 250 hauptberufliche Sammler in seinem Auftrag und auf seine Kosten quer durch die Welt hinter den Schmetterlingen herjagen. Nicht weniger als zwei Millionen Schmetterlinge und Motten hat das Sammlerheer dabei erbeutet. Diese Rothschild-Sammlung bildete die Basis für das Britische Museum.

Oder nehmen wir nur die vielen Aspekte aus der Biologie der Schmetterlinge: Ungeheuer ist beispielsweise die Leistung männlicher Falter bei der Suche nach Weibchen. So finden manche Arten die Partner noch in der Nacht über kilometerlange Entfernungen: Sie werden angelockt von Pheromonen, leichtflüchtigen chemischen Duftstoffen, die das Weibchen in die Luft entläßt. In manchen Fällen, so beim Seidenspinner, werden die Sinneszellen der Männchen bereits von einem einzigen Duft-Molekül stimuliert!

Oder als anderes Beispiel die Symbiose zwischen den Bläulingen und Ameisen. Bis heute ist nicht ganz klar, wie die Falter die Ameisen dazu bringen, ihre Brut zu pflegen. Auch in diesem Fall ist wohl weniger das Prinzip Darwins am Werk, als die Gegenthese des russischen Fürsten, Anarchisten und Biologen Kropotkin: Dieser sah im bewußten Gegensatz zu Darwin weit eher eine »Solidarität« schon bei den Pflanzen, besonders bei Tieren, aber auch bei den Menschen wirksam. Dazu passen auch die Vermutungen von Wissenschaftlern über die so oft beobachteten Schlafgesellschaften vieler Schmetterlinge derselben Art. Dabei sollen Informationen ausgetauscht werden, ähnlich der Sprache der Bienen. Auch Schmetterlinge scheinen über eine Art eigener Intelligenz zu verfügen. Sie wissen vielleicht, was wir ihnen antun ...

Noch einmal Hechelmann: »Der Mensch kann auch in einer betonierten Welt leben. Aber ohne Kunst, Phantasie, Schönheit wird er nicht zufrieden sein. Die Phantasie hat Macht, die Schönheit will frei sein, und darum ist Kunst gefährlich. Nicht umsonst unterdrücken Diktaturen immer zuerst die Kunst.«

In den Demokratien ist die Kunst befreit, aber die Schönheit der Natur, ihr Vorbild, könnte bald verschwunden sein.

WIESE

Laßt hundert Blumen blühen

ZUVIEL DÜNGER IST DER TOD DER BLUMENWIESEN

Sommer in Deutschland: Wiesen voller Schmetterlinge; ungezählte rote, braune, blaue, gelbe und weiße Farbtupfer im Sonnenschein über dem Blütenmeer. Ein einziger Blick auf die bunte Farbenpalette der Gaukler verriet die Fülle und Häufigkeit der unterschiedlichsten Arten. So war es vor 30 Jahren noch fast überall in Mitteleuropa, schon vor 20 Jahren aber nur noch stellenweise.

Heute dagegen sind große Teile unserer Wiesen falterlos. Lediglich Allerweltsarten wie Kohlweißling, Tagpfauenauge, Kleiner Fuchs und Zitronenfalter flattern noch über den monoton grünen Grasflächen.

In Mitteleuropas Wiesen ging eine landwirtschaftliche Revolution über die Bühne. Dahinter stecken einschneidende ökologische Veränderungen, denen die landwirtschaftlich genutzten Wiesen unterworfen sind, so sie nicht gar unter Straßen und Häusern begraben oder in Äcker umgewandelt wurden. Und daß es sich bei dieser Entwicklung um eine Schlüsselfrage für den Naturschutz überhaupt handelt, mag bereits die Größenordnung der davon betroffenen Fläche veranschaulichen: Immerhin ein knappes Fünftel des Gebietes der Bundesrepublik Deutschland ist betroffen, bereits mehr oder weniger stark intensiviert, verändert, der Blumen und Schmetterlinge beraubt.

Hinter der Intensivierung des Grünlandes verbirgt sich zunächst viel bäuerliche Arbeit und Mühe. Der Bauer verspricht sich davon eine Steigerung des Ertrages und Nährwerts seines Grases. An erster Stelle steht der regelmäßige und aufwendige Einsatz von Gülle und/oder Mineraldünger. Weitere Einzelmaßnahmen mit oft verheerenden ökologischen Konsequenzen sind aber auch die »Melioration« bisher »extensiv« genutzter Wiesenflächen mit Einsaat hochgezüchteter Futtergrassorten, per Abhobeln und Einebnen aller, selbst kleinster Bodenunebenheiten, durch die weitgehende Beseitigung von Wieseneinschlüssen oder die maschinelle Beseitigung störender Landschaftselemente wie Büsche und Tümpel.

Nicht zuletzt wird heute immer öfter (bis zu siebenmal im Jahr) gemäht, kaum daß das Gras 10 cm hoch ist. Je nach Umfang, Dauer und Intensität der einzelnen Maßnahmen ändern die Wiesen langsam aber sicher ihr Gesicht und ihren ökologischen Charakter. Der auffälligste Aspekt ist dabei der totale Wandel im Pflanzenkleid: Aus artenreichen, bunten Wiesen entstehen artenarme »Grasäcker«. Verstärkt wird diese aus der Sicht des Artenschutzes katastrophale Wirkung der Düngung zusätzlich durch die allgemeine Luftverschmutzung. Denn immerhin rund 30 Kilogramm Stickstoff aus Industrie-Emissionen und Hausbrand, aus Autoabgasen und vielen weiteren Quellen regnen Jahr für Jahr auf jeden Hektar bundesdeutscher Fläche nieder. Allein diese ungewollte »Düngung« entspricht nach fünf Jahren einer landwirtschaftlichen Volldüngung. Davon berichten die Düngemittelfirmen den oft nur von ihnen beratenen Bauern nichts.

Schmetterlinge sind durch die Grünlandintensivierung schwer betroffen. Denn es sind gerade die bisher nährstoffarmen Graslandtypen, also die extensiv bewirtschafteten Wiesen, die sogenannten Trocken- und Halbtrockenrasen oder die Feucht- und Naßwiesen, die einer sehr großen Zahl heute vielfach gefährdeter Arten praktisch ausschließ-

Ein Dorado für Schmetterlinge sind Magerwiesen. Sie werden nur ein- bis zweimal pro Jahr gemäht und nicht oder lediglich schwach gedüngt.

Intensiv genutzte Fettwiesen (Bild unten) werden drei- bis siebenmal pro Jahr gemäht und reichlich mit Stickstoffdünger »versorgt«. Sie sind für Schmetterlinge lebensfeindlich.

Einzelne »Unkräuter« wie der Krause Ampfer werden in Fettwiesen durch Herbizide gezielt vernichtet.

Das Tagpfauenauge, zweifellos einer der schönsten Schmetterlinge überhaupt, ist überall noch recht häufig. Er ist anspruchslos, nur die Brennessel, seine einzige Raupenfutterpflanze, muß in seinem Lebensraum vorkommen. Das Tagpfauenauge überwintert als Falter und zählt zusammen mit Kleinem Fuchs und Zitronenfalter zu den ersten Frühjahrsboten. Wie seine nächsten Verwandten Fuchs, Admiral und Trauermantel hat das Tagpfauenauge ein recht außergewöhnliches Paarungsverhalten. Die Partner finden sich wie bei allen Tagfaltern am Tag, in Kopulation gehen sie aber erst nachts.
Die Stürzpuppe des Tagpfauenauges glänzt golden, sie wirkt dadurch fast unnatürlich und schützt sich so vor Vögeln.
Die Raupen leben bis zur Verpuppung gesellig. Diese Raupen sind von einer Raupenfliege parasitiert; aus den weißen Kokons schlüpfen nach etwa 14 Tagen Raupenfliegen.

lich als Lebensraum dienen können. Die Düngung verändert die Artenzusammensetzung der Wiesenpflanzen in ganz charakteristischer und eindeutiger Weise: Waren früher bei einer floristischen Bestandsaufnahme, also einer genauen Kartierung aller vorkommenden Pflanzenarten, 40 bis 50 verschiedene Kräuter oder Gräser pro 100 Quadratmeter Wiese der übliche Wert, so finden wir heute auf derselben Fläche im stark intensivierten Grünland im Durchschnitt nur noch sechs bis zehn verschiedene Pflanzenarten! Hinzu kommt, daß früher, je nach der geographischen Region und dem Graslandtyp, unterschiedliche Wiesenpflanzen existierten, während man heute in den Wirtschaftswiesen von Nord- bis Süddeutschland zumeist dieselben wenigen Pflanzenarten antrifft. Über Quadratkilometer hinweg wurden Landschaft und Natur nivelliert, »zivilisiert«, sind völlig verarmt.

Ausgebreitet haben sich vor allem »düngerdankbare«, schnellwüchsige Gräser wie Wiesenfuchsschwanz, Glatthafer, Knäuelgras und wenige düngerliebende Kräuter wie Löwenzahn, Wiesenkerbel und Wiesen-Bärenklau. Das Gros der ursprünglichen Wiesenblumen und -gräser, ohne die unsere Wiesenfalter nicht leben und überleben können, ist dagegen an nährstoffarme Bedingungen angepaßt. Die heute übliche, mehrmalige »Stickstoff-Dusche« pro Jahr verkraften sie nicht. So nimmt es nicht wunder, wenn sie unter den heutigen Wirtschaftsbedingungen im Grünland keine Konkurrenzchance gegen die »Anpasser« haben und auf breiter Front verschwunden sind. Ihr Rückgang läuft der zunehmenden Düngung weitgehend parallel. Und mit ihnen werden im gleichen Maße die Falter der Wiesen und viele weitere Wiesentiere ausgerottet.

»Stickstoffdüngung ist Schmetterlingsmord« heißt die ebenso brutale wie einfache Wahrheit. Denn umgekehrt beherbergen ungedüngte oder kaum gedüngte Wiesen eine ungleich höhere Vielfalt an Tier- und Pflanzenarten als die überdüngten Fettwiesen.

Wiesenschmetterlinge brauchen als Raupe ganz bestimmte Pflanzenarten, meist Kräuter, von denen sie sich ernähren. Die einzelnen Arten fressen dabei keineswegs wahllos alles, was grün ist. Im Gegenteil, meist sind sie sogar sehr eng auf eine oder einige wenige Pflanzenarten bzw. Kräuterfamilien spezialisiert. Und auch nach ihrer Verwandlung zum Falter sind sie auf Kräuter angewiesen, schöpfen Energie aus dem Nektar, da ihr Leben in der Luft ausgesprochen energiezehrend ist.

Gerade die Futterpflanzen der Raupen und die Blumen der Falter verschwinden mit der heute üblichen Düngungspraxis. So wird angesichts der

Der Violette Waldbläuling hat einen irreführenden Namen, er fliegt fast ausschließlich auf Magerwiesen. Die Raupe lebt auf Kleearten und überwintert.

flächendeckenden Wiesendüngung auch der galoppierende Bestandsrückgang von Blumen und Faltern erklärbar. Nicht selten verschwinden die Falter dabei sogar noch vor ihren Futterpflanzen. Offenbar verändert sich deren physiologische Konstitution unter dem dauernden »Stickstoff-Doping«, so daß in der Pflanze beispielsweise Nitrat oder Ammonium in das hochgiftige Nitrit umgewandelt wird.

Die Kräuter werden fast zur Giftpflanze, können innerlich derartig verändert werden, daß sie von den Raupen nicht mehr ohne Schaden zu fressen sind, oder sie wirken sich zumindest sehr negativ auf die Vitalität und Verpuppungsrate der Raupen aus. Dieses Phänomen ist keineswegs auf die Schmetterlinge beschränkt. Ähnliche »ökotoxische« Wirkungen wurden auch schon bei anderen Arten der Wiesenfauna festgestellt. So hat man etwa bei einer Heuschreckenart im Laborexperiment nachgewiesen, daß Harnstoff, der gerade in der Gülle massenhaft enthalten ist, bereits in geringen Konzentrationen die Bildung von Eikokons und das Absetzen von Eiern deutlich reduziert, bis schließlich bei noch höheren Konzentrationen die Eibildung ganz unterbleibt.

Wenn die Düngung also wirklich der Hauptgrund für das Verschwinden der Wiesenfalter ist, so muß umgekehrt auch gelten, daß alle jene Schmetterlingsarten, die auf düngerliebende oder durch den Stickstoff nicht beeinflußte Pflanzenarten angewiesen sind, nicht aussterben. Und tatsächlich, eben diese Schmetterlinge, wie beispielsweise der Kleine Feuerfalter (am Stumpfblättrigen Ampfer) oder der Kleine Kohlweißling (an Kreuzblütlern wie der Knoblauchsrauke – die am Saum von Hecken wächst) fliegen ungerührt in großer Zahl durch die Landschaft. Allerdings ist noch nicht sicher, ob der Kleine Feuerfalter den Stumpfblättrigen Ampfer auch noch nach intensiver Düngung (Geilstellen) schadlos fressen kann.

Diese Schilderung gilt vor allem für Süd- und Mitteldeutschland, in Norddeutschland stehen dagegen die Trockenlegung und andere Meliorationen der Wiesen als Ursache des Falterrückgangs im Vordergrund.

Mit der Düngung ist einer der ganz wesentlichen Verursacher des Falterschwundes im Grünland genannt, der noch andere Schadwirkungen nach sich zieht. Hervorzuheben sind hier vor allem

Die Schwalbenschwanzraupen finden ihr Auskommen nur auf ungedüngten oder zumindest nur sehr schwach gedüngten Wiesen; sie leben auf Wilder Möhre, Dill und anderen verwandten Doldenblütlern. Pflanzen aus stark gedüngten Wiesen wirken für die Raupen offensichtlich toxisch. In einem Zuchtversuch gingen sämtliche Raupen, denen Futter aus einer Wiese mit intensiver Viehwirtschaft gegeben wurde, innerhalb weniger Stunden ein. Die Freßleistung der im Volksmund Rübenraupen genannten Tiere ist beeindruckend. In nur 14 Tagen vermag die Raupe ihr Gewicht zu vertausendfachen. Wie alle Vertreter der Ritterfalter kann die Schwalbenschwanz-Raupe wenn sie gestört wird eine fleischige Nackengabel ausstülpen, die einen beißenden Geruch verströmt.

Der Schwalbenschwanz bildet zwei völlig verschieden gefärbte Puppen, grüne und borkenfarbig braune. Die Puppen überwintern.
Die Puppe im Bild darunter wird gerade von Schlupfwespen angestochen.
In der parasitierten Schwalbenschwanzpuppe (hier teilweise aufgeschnitten) entwickeln sich mehrere Dutzend Schlupfwespenlarven. Die roten Punkte sind die Augen der sich entwickelnden Wespen.

Der Schwalbenschwanz ist eine eigentliche Symbolart für die Gefährdung der Schmetterlinge, denn dieser sehr markante und früher recht häufige Falter ist in den letzten Jahren auffallend selten geworden. Wo er heute noch häufig auftritt, ist die Natur noch weitestgehend in Ordnung. Der Schwalbenschwanz fliegt von Mai bis September in zwei bis drei Generationen. Als sehr flugtüchtiger Falter taucht er aber in neuen ökologischen Nischen (Kiesgruben und ähnliches) schnell wieder auf.

die erheblich veränderten Licht- und Kleinklimabedingungen in den bodennahen Schichten der Wiesen infolge des unerhört kräftigen Graswuchses. Auch dies hat unübersehbare Konsequenzen für die Falterfauna der Wiesen. Ist nämlich in mageren Wiesen die Vegetation zumindest über weite Bereiche eher schütter, so daß die Sonne stellenweise bis zum Boden vordringen kann und es dort recht warm und trocken wird, ist es damit in den hochproduktiven Grasbeständen vorbei. Die dichtgeschlossene Grasnarbe läßt die Sonnenstrahlen nicht mehr durch und auch die für die Tierbesiedlung so wichtigen »Störstellen«, wie Maulwurfshaufen usw., sind ungleich seltener. So wird es im Gras insgesamt deutlich kühler und feuchter. Für alle wärmeliebenden Tierarten verschlechtert sich also das Kleinklima radikal. Betroffen sind wiederum sehr viele Tagfalter.

Schlimm wirkt sich auch ein anderer Faktor der landwirtschaftlichen Intensivierung aus: Die Wiesen werden heute öfter und früher im Jahr gemäht. Über Jahrhunderte aber wurden die biologischen Entwicklungsrhythmen der Wiesenfalter auf den Zeitpunkt und Rhythmus der Mahd abgestimmt. Heute jedoch lassen Gülle oder Stickstoffdünger das Gras rascher wachsen, entsprechend kann es früher gemäht werden. Nicht erst Mitte Juni wie einst, sondern schon Wochen früher beginnt inzwischen die erste Heumahd, noch früher der Schnitt für das Silofutter oder gar für die modernen Grastrocknungsanlagen (oft schon im April).

Noch bevor die meisten Wiesenfalter ihre Puppenhüllen verlassen haben, wird der ohnehin spärlich gewordene Blütenflor abgeräumt, die Falter finden nicht mehr genügend Blumen als Nahrungsquellen vor. Infolge der Intensivdüngung läßt sich heute mehr als dreimal, ja bis zu siebenmal im Jahr mähen. Nach allen wissenschaftlichen Untersuchungen scheiden aber Grünlandbereiche, die mehr als zweimal pro Jahr gemäht oder intensiv beweidet werden, praktisch restlos als eigentlicher Lebensraum für Schmetterlinge aus. Solche Flächen werden höchstens noch von einzelnen »Überfliegern« oder als Zwischenstation von Faltern aufgesucht, die in Hecken mit blütenreichen Säumen, in Rainen oder Brachlandflächen in der unmittelbaren Nachbarschaft der gemähten Wiesen selbst der Mahd entgingen. Sie leben aber überwiegend oder ausschließlich vom dortigen Angebot an Nektarpflanzen.

Schon dies zeigt, wie wichtig es für den Artenschutz ist, daß intensiv genutzte Flächen wenigstens von einem dichten Netz von Hecken, Rainen und Brachlandflecken durchzogen sind.

SEGELFALTER: MIT STRATEGIE ZUM RENDEZVOUS

Der Segelfalter, neben dem Schwalbenschwanz einer unserer größten Tagschmetterlinge, ist eine echte »Offenlandart«, wenn er auch Schlehen (aber in unseren Breiten fast nur isolierte Krüppelschlehen im Trockenrasen) braucht. Diese Gehölze sind für ihn von elementarer Bedeutung für die Raupenaufzucht. Die Männchen des Segelfalters besitzen große Reviere, die sie sich im wahrsten Sinne des Wortes erfliegen. Sie können sich über Tausende von Quadratmetern erstrecken und müssen daher immer wieder abgeflogen werden. Erhöhte Punkte wie einzelne Bäume oder Büsche, eine Hecke, ein Waldrand sind dabei als gut sichtbare Leitmarken unerläßlich. Nach ihnen richtet sich der Revierbesitzer bei seinen Patrouillen genauso wie ein abgewehrtes fremdes Männchen. Das wiederholte Abfliegen der Reviergrenzen erweckt den Eindruck, als seien viel mehr Falter im Revier. Segelfalter können nicht – wie Säugetiere etwa – ihre großen Reviere mit Duftmarken abstecken, sondern halten deren Grenzen nur mit ständiger Präsenz: Sie sind zum Fliegen »verurteilt«.

Eine Folge großer Reviere ist auch die geringe Populationsdichte, weshalb der Segelfalter viel Landschaft benötigt. Es sind vor allem die warmtrockenen, buschbestandenen großflächigen Triften und Rasenbiotope in Süddeutschland, die das Überleben der Art sichern können. Angesichts der niedrigen Besiedlungsdichte fragt man sich, wie groß denn die Chance eines Weibchens ist, ein Männchen zu Gesicht zu bekommen. Und da zeigen die Tiere ein hochinteressantes Verhalten: Namentlich in den Vormittagsstunden fliegen sie den höchsten Punkt an, den sie in ihrer weiteren Umgebung ausmachen können: eine kahle Hügelkuppe, eine Felsnase oder ein zentral gelegenes, auffällig hohes Gebüsch. An diesem Rendezvousplatz versammeln sich die Segelfalter der Umgebung zur Kontaktaufnahme, zu Werbung und Balzflügen und schließlich der Begattung.

»Hilltopping« heißt im Jargon der Wissenschaftler das Ansteuern solcher exponierter Rendezvousplätze. Und im Aufwind an Hügelkuppen zeigt sich dann das ganze Können dieser eleganten Flieger: Minutenlang segeln sie ohne Flügelschlag über der Landschaft. Hecken, Gebüsch und Einzelbäume sind für die Imagines, die erwachsenen Segelfalter, lebenswichtige »Requisiten« ihres Biotops. Nimmt man sie ihm, muß die Art weichen. Die Maßnahmen der Flurbereinigung beispielsweise eliminieren bis heute solche Strukturen.

Der Segelfalter tritt in Mitteleuropa nur lokal an besonders milden Stellen, sogenannten Wärmeinseln auf. Die Felsenbirne und die Felsenkirsche sind Zeigerpflanzen für den Segelfalter geworden. Wenn zumindest eine dieser beiden Pflanzen häufig vorkommt, taucht hier mit großer Wahrscheinlichkeit der Segelfalter auf. Nördlich der Alpen fliegt der Segelfalter in nur einer Generation im Mai und Juni, südlich der Alpen in zwei bis drei Generationen von April bis September.

Die Eier werden meistens auf eher kleine Büsche abgelegt. Die unterschiedliche Färbung der Eier auf diesem Felsenbirnenzweig zeigt, daß der gleiche Zweig mehrmals von Falterweibchen zur Eiablage aufgesucht wurde. Die dunklen Eier sind bereits mehrere Tage alt, das Schlüpfen der Jungräupchen steht unmittelbar bevor.

Die halberwachsene Raupe des Segelfalters ist auf dem Felsenkirschenzweig perfekt getarnt.

Der Segelfalter, hier auf einer Kardenblüte, unterscheidet sich von seinem nahen Verwandten, dem Schwalbenschwanz, durch eine hellere, schwefelgelbe Grundfärbung und durch die schwarzen Längsstreifen, die sich von den Vorderflügeln über die Hinterflügel übergangslos fortsetzen.

Die langen Flügelschwänze des Segelfalters täuschen Fühler, die orangeroten Punkte Augen vor (Bild oben). Ein Vogel vermeint darin einen Kopf zu sehen.
Häufig trifft man auf Segelfalter mit herausgepickten Flügelschwänzen. Das beweist die Wirksamkeit dieses Schutzes vor Vögeln.

FALTERSCHUTZ AUF WIRTSCHAFTSWIESEN

Vielfalt der Pflanzenarten, weitgehende Freiheit von Düngerbelastungen, ein lichter, lockerer Aufbau der Vegetation, dazu ein möglichst großes Angebot an Blüten-, besonders Schmetterlings-, Lippen- und Korbblütlern sowie Nelkengewächsen, sind verantwortlich für den Schmetterlingsreichtum traditioneller Wiesen.

Primäres Ziel des Falterschutzes muß es damit sein, alle Wiesen, die diese Kriterien noch einigermaßen erfüllen, als ein- bis maximal zweischürige Mähwiesen zu erhalten und von weiterer Intensivierung zu verschonen. Darüber hinaus ist es jedoch unabdingbar, auf möglichst großen Flächenanteilen des Wirtschaftsgrünlandes wieder einen Trend hin zur ursprünglichen Wiese einzuleiten. Eine Art »Wiesenblumen-Management« ist das Gebot der Stunde.

Auf den so ausgewählten Wiesen ist zu beachten: Es darf nicht mehr gedüngt werden! Statt dessen sollten die Standorte – wo es nur möglich ist – sogar noch »ausgemagert« werden. Denn die Düngung ist nicht nur von Übel für die Kleinode von Flora und Fauna der Wiesen, sondern bedroht sogar viele ökologisch recht flexible, früher häufige und typische Wiesenarten. Als Beispiele mögen das Schachbrett bei den Schmetterlingen oder der Wiesensalbei unter den Pflanzen gelten.

Ein solches Aushagern der Grasnarbe setzt voraus, daß Düngung gänzlich unterbleibt und mindestens zwei bis drei Jahre lang das Gras möglichst oft und dabei jeweils im noch grünen, eiweißreichen Zustand (Nitrate in Aminosäuren!) abgeräumt wird.

Diese Vermagerung ist der Schlüsselfaktor für erhöhte Falter- und Blumenvielfalt auf Wirtschaftswiesen! Außer der Schafgarbe und dem Stumpfblättrigen Ampfer (Feuerfalter) leiden alle Falterblumen unter der Düngung: Wiesen-Flokkenblume, Wilde Möhre, Habichtskraut, Hornklee (mit 13 Falterfreunden), Pimpinelle, Spitzwegerich, Kreuzblümchen, Braunelle, Großer Wiesenknopf und Teufelsabbiß.

Die Wiesen müssen gemäht werden! Ein Schnitt pro Jahr, möglichst erst Anfang bis Mitte September, wäre ideal. Etliche Falterarten vertragen auch zwei Mahden zum richtigen Zeitpunkt.

Aber auch auf den Intensivwiesen, auf die die konventionelle Landwirtschaft nicht verzichten mag, läßt sich mit kleinen Zugeständnissen bereits einiges für den Schutz der Schmetterlinge erreichen: Indem etwa die Wiesen einer Region nicht

Brautwerbung des Aurorafalters: Das Männchen mit den orangeroten Flecken umfliegt das am Boden sitzende Weibchen und setzt sich in dessen Nähe. Das paarungsbereite Weibchen streckt den Hinterleib nach oben. Beim Aurorafalter zeigt sich ein ausgeprägter Geschlechtsdimorphismus – Männchen und Weibchen sind sehr unterschiedlich gefärbt.

Das Ei ist wie bei allen Weißlingen länglich, vasenförmig und wird immer einzeln pro Blüte abgelegt.
Die spitze Gürtelpuppe überwintert zwischen Grashalmen.

Der Aurorafalter ist ein Frühlingsfalter, er fliegt im April, zur Blütezeit des Wiesenschaumkrautes, seiner Raupenfutterpflanze.

Eine Krabbenspinne, ein Musterbeispiel perfekter Tarnung, hat ein Aurorafalter-Männchen erbeutet.

alle zur selben Zeit, sondern zeitlich deutlich gestaffelt gemäht werden; gemähte Flächen sind dann jeweils nicht zu weit von ungemähten Parzellen entfernt (Nutzungsmosaik). Als Alternative oder Ergänzung dazu kann man an Grenzflächen, längs von Wegen, Gräben, Hecken, Waldrändern, Baumreihen usw. einen zusammenhängenden und dabei möglichst breiten (mindestens einen, besser drei Meter) Grasstreifen stehenlassen, der dann erst spät im Jahr gemäht wird. Auf keinen Fall darf dieser Streifen zur gleichen Zeit wie die benachbarten Wiesen abgeräumt werden!

Windgeschützte und sonnenexponierte Lagen werden von den Faltern bevorzugt, darauf sollte bei der Standortwahl solcher »Not-Biotope« Rücksicht genommen werden.

Ökologisch vorteilhaft wäre es außerdem, das Bodenrelief möglichst abwechslungsreich, also uneben zu bewahren oder wieder so zu modellieren. Teile der Wiesenflächen wenigstens sollten nicht alljährlich gewalzt, die Pflanzenhorste in Bodenmulden seltener ausgemäht werden. Bereits solch kleine Zugeständnisse der Landwirte erzielen die ökologisch so wünschenswerten minimalen Unterschiede in den Wasserverhältnissen auf engem Raum. So steigern – um nur ein Beispiel zu nennen – bereits mehrere, nur etwas feuchtere Mulden in ansonsten relativ trockenen Glatthaferwiesen die Zahl der Tagfalterarten. Denn manche Raupen brauchen vielfach mehr Feuchtigkeit als die ausgewachsenen Schmetterlinge.

Schließlich ist auch an dieser Stelle die Forderung nach einer drastischen Verringerung der Luftverschmutzung angezeigt. Um die Luft sauberer zu machen, muß an den hauptsächlichen Verschmutzungsquellen (Industrie, Hausbrand, Auto usw.) angesetzt werden. Nur so kann die Umwelt tatsächlich spürbar von den Stickoxiden, dem Schwefeldioxid und den vielen anderen hochgiftigen Substanzen befreit werden, die heute die Natur flächendeckend belasten.

Der Flockenblumen-Scheckenfalter fliegt gerne auf blumenreichen Wiesen. Seine Raupe lebt auf Flockenblumen und Skabiosen, sie überwintert halberwachsen. In milden Gegenden entwickeln sich zwei Generationen pro Jahr.

Das Schachbrett ist ein markanter Falter auf Magerwiesen. In den letzten Jahren sehr stark dezimiert, hat es sich in den landwirtschaftlich intensiv genutzten Gegenden auf ausgesparte Flächen wie Bahn- und Straßenböschungen zurückgezogen. Die Raupe ist in der Färbung sehr variabel, die Farbpalette reicht von fast weiß über grün bis braun. Die Raupe des Schachbretts frißt nur nachts auf verschiedenen Gräsern, sie überwintert.

Ein Schachbrettpärchen auf Skabiose: Das gelbliche Tier ist das Weibchen.

ÜBERLEBENSKÜNSTLER: OCHSENAUGEN WEICHEN AUS

Das Große Ochsenauge ist ein eifriger Blütenbesucher. Anfang Juni fliegen die ersten Falter um Witwen- und Flockenblume. Oft ist es zu Sommerbeginn der häufigste Falter der Wiese.

Seine Zahl nimmt kurz vor der Mahd ab. Obgleich die Flugzeit noch lange nicht vorbei ist, fliegt die Art doch in einer einzigen Generation bis Ende September. Der Grund ist, daß die Wiese vor der Mahd vergleichsweise blütenarm wird. Jetzt zeigt das Ochsenauge, wie flexibel es ist: Sein Aktionsradius ist groß genug, Ausweichbiotope zu erreichen, wie Hochstaudensäume vor Hecken, Brachflächen und Trockenrasen, deren Blütezeit jetzt ihren Höhepunkt hat. Bis in die Waldwege hinein treffen wir auf nektarsuchende Ochsenaugen. Andere Falter, deren Heimat eine Fläche von nur 200 bis 300 m^2 umfaßt, die sie nie verlassen, weichen nicht so leicht aus.

Lange bleibt auch die abgemähte Stoppelwiese nicht blütenleer. Kleine, niedrigwachsende Kräuter nutzen jetzt ihre Freiheit im Licht zu einem kräftigen Wachstumsschub: Die ersten Ochsenaugen kehren zurück. Nach zwei Wochen steht die Wiese wieder in Blüte, die Falter sind erneut eingezogen. Der zweite Schnitt, etwa Ende August, vertreibt die Tiere wiederum in Nachbarbiotope.

Lange Zeit vermutete man in der Entwicklung des Großen Ochsenauges zwei bis drei sich überschneidende Generationen. Neueste Markierungsversuche verwiesen jedoch auf ein verblüffendes Verhalten: Die Falter schlüpfen nicht zur gleichen Zeit, sondern nach und nach während des ganzen Sommers. Einige der im Frühsommer geschlüpften Tiere legen gar eine sommerliche Ruhepause ein und fliegen erst im Spätsommer wieder. Sollte ein Teil der Population durch die Mahd ausgefallen sein, wird sie so erneuert.

Die Raupen entwickeln sich zwischen September und Mai, sie werden von der Mahd nicht erfaßt. Wie die anderen Raupen aus der Familie der Augenfalter fressen sie nur nachts und verbergen sich den Tag über in den Grashorsten. Ei und Puppe dagegen sind am sichersten in Bodennähe. Dort ruht und verpuppt sich auch die Raupe. Und dorthin fallen die Eier, die von den Weibchen nicht etwa an Gräsern abgelegt, sondern weit über die Wiese verstreut werden. Das Große Ochsenauge ist ein Falter mit relativ geringen Ansprüchen und guten Überlebenschancen: Sein Plus sind das beachtliche Flugvermögen, die reichliche Fortpflanzung und die

Das Ochsenauge ist einer unserer häufigsten Tagfalter. Die Art hat eine ausgesprochen lange Flugperiode von Juni bis Oktober. Die Eier werden nicht an Pflanzen geklebt, sondern einfach ins Gras abgeworfen. Die Raupen leben an verschiedenen Gräsern und überwintern.

Vorliebe für häufige Saumstrukturen. Im stark intensivierten Grünland jedoch kann auch diese Art kaum existieren.

Auf den Wiesen haben mehr Hecken überlebt als auf Äckern. Den Weibchen des Großen Ochsenauges kommt das zugute. Wie viele andere Tagfalter leiden sie unter zu starker Mittagshitze. Sie fliegen dann Waldränder und Hekken an und saugen auf der Schattenseite z. B. an Brombeerblüten. Nachmittags kehren sie wieder in die Wiesen zurück. Ochsenaugen-Männchen lauern nicht wie andere Arten auf Weibchen, sie fliegen die Wiesen aktiv nach ihnen ab. Wenn jedoch im August bereits weniger Falter fliegen, vor allem während der blütenarmen Zeit nach dem letzten Schnitt, ist diese Strategie wenig lohnend. Und nun ändern die Männchen die Taktik: Sie sammeln sich in der heißen Tageszeit an Heckenzeilen und Waldrändern, wo die Weibchen durchkommen müssen. Sie passen sie regelrecht ab …

JAGD NACH NEKTAR: MIT DEM LÄNGSTEN RÜSSEL ZUM ZIEL

Seit Blüten mit Duft, Farbe und Belohnung locken, konkurrieren hungrige »Mäuler« um Nektar oder, andersherum: Blüten suchen Bestäuber. Die Pflanze tut gut daran, nicht allzuviel Nektar zu offerieren: satte Tiere sind keine guten Bestäuber. So wird die Konkurrenz unter den Blütenbesuchern noch angeheizt und sie ist der Motor für Anpassungen von Tieren wie Pflanzen: Die Spezialisierung des Besuchers auf bestimmte Blüten schließt viele Konkurrenten aus.

Stellt sich auch die Blüte auf bestimmte Besucher ein, verstärkt sie diesen Effekt und den Bestäubungserfolg für die Pflanze. Denn der tierische Partner für die Fortpflanzung wird nur dann keine Pollen verlieren oder beim Putzen abstreifen, wenn sein Weg direkt zur nächsten Blüte derselben Pflanze führt. Der Nektar ist Köder und Belohnung zugleich.

Diese »bilateralen« Beziehungen, die beiden Seiten Nutzen bringen, sind eine Art Symbiose, in der sich die Partner während einer jahrtausendelangen Koevolution aufeinander abstimmten. Ein Beispiel: Zu dem Nektar tief auf dem Grunde der langröhrigen Blüte der Kartäusernelke wird eine Biene nie gelangen. Selbst mancher Falterrüssel ist da noch zu kurz. Nur der Ockergelbe Braundickkopf und der Rostfleckige Dickkopf haben keinerlei Mühe, den Nektar zu erreichen. Die anderen Insektengruppen sind nahezu ausgeschlossen; lediglich Hummelschweber stehen noch vor den roten Blüten.

Auch die nicht spezialisierten »Generalisten« ziehen Nutzen aus der Spezialisierung anderer Arten, denn sie verlieren ja auf diese Weise Konkurrenten. Um so mehr Falterarten sich spezialisieren, desto mehr lohnt es sich, ein Generalist zu sein – also an vielen Blüten zu saugen. Das hat den Vorteil, nicht nur von einer oder wenigen Blüten abhängig zu sein. Drei Falter demonstrieren uns das besonders anschaulich: Kleiner Kohlweißling, Rapsweißling und der Zitronenfalter. Sie saugen an Blüten fast jeden Typs und jeder Farbe, der Zitronenfalter bevorzugt rote und weiße Blüten. Es macht ihnen nichts aus, den Spezialisten aus dem Weg zu gehen, da ihnen der Besuch jeder beliebigen anderen Blüte offensteht. Dies ist eine Voraussetzung für die lange Flugzeit des Trios. Ihr breites Spektrum an Nektarpflanzen befähigt sie zudem, als Falter in den verschiedensten Biotopen zu leben.

Auf den ersten Blick scheinen auch folgende Falter Generalisten zu sein, da sie auf unterschiedli-

Besonders lange Saugrüssel besitzen die Schwärmer, bei einigen Arten übertrifft der Rüssel die Körperlänge. Dies befähigt die Tiere, an den Nektar von Blüten zu kommen, die für alle anderen Insekten unerreichbar ist. Solche Schwärmerpflanzen sind die Winde, Petunie und das Seifenkraut. Das Bild links oben zeigt einen Wolfsmilchschwärmer am Seifenkraut.

Die meisten Schmetterlinge haben einen ausgesprochen langen Saugrüssel, den sie normalerweise uhrfederartig zwischen den »Palpen« aufgerollt haben. Dieser Baumweißling ist gerade dabei, seinen Rüssel »einzuholen«.

Ein Senfweißling versucht an die Nektarquelle des Salbeis zu gelangen.

chen Wiesenformen auftreten: Schachbrett, Großes Ochsenauge, Kleines Wiesenvögelchen, Hauhechelbläuling, Kommafalter und das Blutströpfchen-Widderchen. Jedoch bevorzugen diese Tiere bestimmte Blüten-*Typen:* So fliegen Schachbrett, Ochsenauge und Widderchen auf die blau-rot-violetten Körbchen- und Köpfchenblüten (Flockenblume, Witwenblume, Skabiose, Distel), der Hauhechelbläuling liebt gelbe Blüten (z. B. Wiesenhornklee).

Jeder Schmetterling hat seine Art zu trinken, denn die von der Blüte gebildete Nektarmenge ist begrenzt. Eine völlig »leergetrunkene« Blüte kann erst innerhalb gewisser Zeit Nektar nachliefern. Bestimmte Kräuter bilden gar nur einmal am Tage Nektar (Veilchen). Die am Tage fliegende Eule *Ectypa glyphica,* der tagaktive Spanner *Semiothisa clathrata* und die Widderchen sitzen lange auf einem Blütenkopf. Viertelstundenlang beschäftigen sie sich mit einem Blütenstand, besaugen dessen einzelne Blüten mehrfach hintereinander, saugen sie schließlich völlig leer. Anders die Gamma-Eule: sie nippt meist kurz an der Blüte, jagt sofort weiter zur nächsten. Innerhalb von nur drei, vier Sekunden findet die Gamma-Eule die vollste Blüte, saugt, fliegt ab, setzt sich nicht einmal nieder, sondern schwirrt, nur mit den Vorderbeinen Fühlung haltend, vor der Blüte.

Solch unterschiedlich operierende Falter können nacheinander dieselben Blüten besuchen, ohne sich dabei nachhaltig Konkurrenz zu machen. So energieaufwendig Schwirrflug, Landen, Davonjagen bei den einen auch sind, die Riesenschlucke bei jedem Nektartrunk machen die Verluste wieder wett. Wer sich dagegen gemächlich auf der Blüte niederläßt, verbraucht weniger Energie und wird von all den Resten in den Einzelblüten auch satt.

Viele Blüten haben Mechanismen entwickelt, den Pollen so auf die Insektenleiber zu tupfen, daß er nur mit Mühe weggeputzt werden kann. Bei Leguminosen reicht dafür schon das Gewicht einer Biene oder Hummel. Schmetterlinge dagegen sind Leichtgewichte: sie kommen mit den Pollen kaum in Berührung, rauben den Nektar ohne »Bezahlung« per Bestäubung.

Flugstudien am Taubenschwänzchen – einem am Tag fliegenden Nachtfalter aus der Schwärmerfamilie. Das sehr flugtüchtige Taubenschwänzchen kann bei uns nicht überwintern und wandert alljährlich in großer Zahl aus dem Mittelmeerraum ein. Das Taubenschwänzchen ist der Kolibri unter den Schmetterlingen. Wie diese kann er vorwärts und rückwärts fliegen und bei der Nahrungsaufnahme sogar in der Luft »stillstehen«.

VORZUGSBIOTOP TROCKENRASEN: PIONIERE AUF DEN WÄRME-INSELN

Die warmen und blütenreichen Rasenformationen zählen zu den schmetterlingsreichsten Biotopen Mitteleuropas. Insbesondere finden sich hier zahlreiche Arten, deren eigentliches Verbreitungsgebiet im Mittelmeerraum oder Schwarzmeergebiet liegt und die nur mit einzelnen Pionieren über die Alpen nach Norden vorstießen, um in eben diesen Biotopen, die zu den heißesten in unserem Land zählen, heimisch zu werden.

Die meisten dieser Falter existieren aber keineswegs in allen Trockenrasen. Vielmehr sind zahlreiche Vertreter hierzulande sehr inselhaft verbreitet, was mit der Ausbreitungsgeschichte und der Lage der Wanderkorridore erklärt werden kann. So hat beispielsweise der Regensburger Heufalter, der aus dem Donau- und Schwarzmeerraum stammt, bei uns nur einige Vorkommen im Oberpfälzer Jura und im Regensburger Raum. Werden diese verändert, verschwindet die Art bei uns insgesamt.

Trocken- und Halbtrockenrasen sind aber nicht nur sehr falterreich, besonders wertvoll für den Naturschutz werden sie darüber hinaus, weil sich hier zahlreiche gefährdete Arten konzentrieren. Jede dritte Art auf der Roten Liste der in der Bundesrepublik Deutschland gefährdeten Großschmetterlinge hat hier ihren Schwerpunkt! Die Liste reicht vom Apollofalter über sieben Bläulinge, drei Grün- und sieben gewöhnliche Widderchen. Ihre Raupen siedeln auf den unterschiedlichsten Trockenpflanzen: Eberwurz, Flockenblumen, Wicken, Enzian, Klee, Esparsetten, Dost, Taubenskabiose, Weiße Fetthenne, Thymian, Dach-Hauswurz und Kugelblume.

Für den Rückgang dieser Schmetterlingsgruppe sind vor allem drei Faktoren verantwortlich:

Einmal kann dies eine totale Beseitigung solcher Biotope sein. Dies passiert vor allem im Rahmen von Flurbereinigungen in Weinbergen, durch Aufforstung, durch die Anlage von Steinbrüchen, Kies- und Sandgruben, durch Überbauung mit Häusern und Straßen oder durch Verfüllung und Rekultivierung.

Ein nicht minder großes Problem ist auch hier die Nutzungsintensivierung. Mehrmalige intensive Düngung der Trockenrasen verwandelt diese in Fettwiesen. Dadurch besonders bedroht sind die sogenannten Halbtrockenrasen, weil sie sich vergleichsweise einfach in landwirtschaftlich effizientere Flächen »meliorieren« lassen. Die Folgen solcher Intensivierung fallen in Trocken- und Halbtrockenrasen noch katastrophaler aus als in den

Der Trockenrasen enthält eine artenreiche Flora – dementsprechend zahlreich sind auch die Falterarten, die hier ihr Auskommen finden.

Ein Trockenrasen-Heufalter umbalzt ein nur während dieser Situation mit geöffneten Flügeln dasitzendes Weibchen.

Vom Heufalter gibt es zwei Arten, die als Falter äußerlich nicht unterschieden werden können, die aber zwei völlig verschiedene Raupen haben. Die sehr farbenprächtige Raupe des Trockenrasen-Heufalters lebt monophag auf Hufeisenklee, jene des Gemeinen Heufalters (unten) auf verschiedenen Kleearten.

Mähwiesen, da hier die Stickstoffarmut der Böden einer der zentralen ökologischen Faktoren des Biotoptyps ist. Die daran angepaßten Falter und Pflanzen sind damit völlig auf nährstoffärmere Bedingungen angewiesen.

Der dritte große Schadfaktor ist schließlich die weitgehende Aufgabe der bisherigen extensiven Nutzung dieser Bereiche. Viele Trocken- und fast alle Halbtrockenrasen verdanken ihre Existenz traditioneller bäuerlicher Kultur, also der Beweidung oder der Mahd. Fallen sie brach, da ihre Nutzung für den Bauern unrentabel wird, so wird aus den einstmals gerodeten Flächen nach einigen Jahren oder Jahrzehnten wieder Wald. Je nach den örtlichen Umständen kann diese Entwicklung

sehr rasch oder ausgesprochen langsam ablaufen. Immer aber stellt diese sogenannte natürliche Sukzession in Trocken- und Halbtrockenrasen ein ganz großes Naturschutzproblem dar.

So ist derzeit beispielsweise in Rheinland-Pfalz jeder zweite im Rahmen der Biotopkartierung erfaßte Trocken- oder Halbtrockenrasen von der Verbuschung bedroht. Nach ein bis zwei Jahrzehnten in diesem Stadium ist der Magerrasen als Vegetationstyp meist bleibend zerstört. Haben erst einmal die Gehölze hier die Oberhand gewonnen, so ist diese Entwicklung kaum mehr umkehrbar, und auch die an den Standort angepaßten Falter müssen aussterben.

Hier zeigt sich einmal mehr, wie sehr die Schmetterlinge von der alten bäuerlichen Landwirtschaft begünstigt wurden. Durch die »Grüne Revolution« mit Intensivierung, Mechanisierung, neuen Züchtungen usw. hat sich das Gesicht der Landwirtschaft jedoch radikal verändert.

Viele weitere Eingriffe können sich zu diesen entscheidenden Faktoren gesellen: so die zunehmenden Freizeitaktivitäten mit ihren Konsequenzen wie Trittschäden und Beunruhigung der Tierwelt, oder die Gefährdung durch Gifte, zumal wenn – was vielfach der Fall ist – die Flächen in Nachbarschaft zu regelmäßig mit Bioziden besprühten Weinbergen oder modernen Obstkulturen liegen. Auch wenn die Trockenrasen selbst nicht gezielt behandelt werden, bekommen sie dabei nicht selten erhebliche Mengen aus den Nachbarkulturen ab. Heute wird ja in der Regel nicht mehr von Hand, mit dem Kanister auf dem Rücken, sondern per Sprühkanone oder gar mittels Flugzeugen und Hubschraubern gespritzt. Und selbst wenn der Pilot den vorgeschriebenen Sicherheitsabstand von 50 Metern zu gefährdeten Flächen einhält, kann er nicht verhindern, daß ein beträchtlicher Teil der Gifte (40 bis 75 Prozent) oft über Hunderte von Metern, ja Kilometer vom Ziel abdriften.

Ein Heufalter in Ruhestellung, mit Morgentau benetzt.

Die Gold-Langhornmotte besucht vorzugsweise rote und lila Blüten. Auch die Raupen der Langhornmotte leben auf Blüten von Skabiosen und Flockenblumen.

Das Purpurwidderchen fliegt auf trockenen Wiesen mit Thymianfluren. Die Raupe frißt auf Thymian, Kleearten und Ginster.

Die meisten Widderchen-Raupen weisen die für giftige Raupen typische Farbkombination schwarz-gelb auf. Ihre beliebtesten Futterpflanzen sind Kleearten.

Der Idas-Bläuling, hier ein Pärchen, ist unterseits mit »Metall«-Schuppen geschmückt (oben rechts).

FALTERSCHUTZ AUF DEN TROCKENRASEN

Erstes Ziel muß es sein, die Totalbeseitigung dieser Biotope abzuwehren. Ebenso wichtig ist es, zu verhindern, daß die Nutzung intensiviert, aber auch, daß sie aufgegeben wird. Im Klartext: Die überkommene »extensive« landwirtschaftliche Bodennutzung soll beibehalten bleiben. Oder, falls dies durch die Bauern nicht mehr rentabel zu leisten ist, müssen an der herkömmlichen Nutzung orientierte Pflegemaßnahmen an ihre Stelle treten. Nur so können der lückige Pflanzenwuchs und der vielfältig gestufte Vegetationsaufbau, die notwendige Voraussetzungen des Kräuterreichtums sind, erhalten bleiben.

Bei den Pflegemaßnahmen ist zwischen Erst- und Folgepflege zu unterscheiden. Gilt es bei der Erstpflege vor allem, Büsche und Gehölze weitgehend aus dem Biotop zu entfernen und außerhalb zu verbrennen, so beschränkt sich die Folgepflege darauf, die Gras- und Krautbestände von Zeit zu Zeit abzuräumen, um den besonders schutzwürdigen Charakter dieser Biotope zu gewährleisten. Dies kann durch gelegentliche Mahd geschehen oder durch eine artenschutzgerechte, d.h. an Biotopkapazität und -beschaffenheit ausgerichtete Beweidung mit geeigneten Schafrassen. In jedem Fall sollte dabei möglichst an die herkömmliche Nutzungsform angeknüpft werden. So werden beispielsweise Rasengesellschaften, die ihre Existenz traditioneller Beweidung verdanken, durch eine Mahd empfindlich verändert – die Folgen für die Schmetterlinge sind durch die eventuell gutgemeinte Aktion fatal. Ein Wiesenmanagement hat aber auch nichts mit naivem Verwildern oder gar dem einfachen Brachfallenlassen bisher bäuerlich genutzter Flächen zu tun.

Die Zeitabstände, in denen die verschiedenen Pflegemaßnahmen notwendig werden, sind dabei im Einzelfall, je nach Exposition und Untergrund, recht unterschiedlich. So müssen bestimmte Typen der Halbtrockenrasen möglichst jährlich gemäht werden, während bei anderen, etwa den meisten »Volltrockenrasen«, mehrere Jahre bis Jahrzehnte vergehen können, ehe der Beginn einer Sukzession deutlich feststellbar ist. Soweit möglich sollten die Flächen grundsätzlich nicht in einem Durchgang, sondern parzellenweise in zeitlich deutlich versetzten Etappen und auch die einzelnen Abschnitte am besten nochmals zu unterschiedlichen Zeiten gemäht werden.

Viele Tierarten der Trockenrasen, etwa die Männchen jener Dickkopffalter, die von höherer

Der Idas-Bläuling, hier auf Thymian, fliegt gerne an warmen, trockenen Plätzen.

Bläulingseier sind scheibenförmig mit einer Wabenstruktur. Die Raupen des Idas-Bläulings leben auf Sanddorn und verschiedenen Kleearten, vor allem auf Luzerne. Die Raupen sind wie alle Bläulingsraupen dauernd von Ameisen umlagert. Erstaunlicherweise werden auch die Puppen der Bläulinge noch von Ameisen beschützt.

Warte aus ihre Territorien überwachen, oder auch schlüpfende Widderchen, sind auf höhere krautige Strukturen angewiesen. Überdies sollte das Mähgut zunächst für ein, zwei Wochen wenigstens teilweise im Randbereich gelagert werden. Im Gras haften Larven und Puppen, denen so der Abschluß ihrer Entwicklung im oder die Rückwanderung ins Biotop ermöglicht wird. Allerdings können sich frisch geschlüpfte Falter vielfach kaum aus diesem am Boden liegenden Pflanzengewirr befreien. Schaffen sie es, bleiben sie gelegentlich dennoch lebensunfähig, da sie die Flügel am Boden meist nicht voll entfalten können. Dies gelingt nur an stehender Vegetation, die zudem nahe genug und damit erreichbar sein muß.

Der günstigste Zeitpunkt für eine Mahd der Trocken- und Halbtrockenrasen aus der Sicht des Tagfalterschutzes ist Anfang September. Zu diesem Zeitpunkt befinden sich fast alle hier lebenden Tagfalter und Widderchenarten im Raupenstadium, einer Entwicklungsphase, in der sie je nach Witterung in wenigen Tagen bis maximal zwei Wochen eigenständig vom austrocknenden Mähgut auf die lebende Vegetation überwechseln.

Bei einer mechanischen Beseitigung alten Grases und der Büsche in Trockenrasen ist unbedingt zu berücksichtigen, daß eine generelle Bekämpfung aller Büsche aus der Sicht des Schmetterlingsschutzes nicht erwünscht ist. Büsche sind von wichtiger Bedeutung für manche Falterarten. So leiden beispielsweise die Segelfalter und weitere an der Schlehe lebende Arten wie das Trauer-Grün-

Der geschwänzte Wanderbläuling ist ein seltener Gast aus dem Mittelmeerraum. Seine Raupen leben in den Schoten des Blasenstrauches.

Der Rote Scheckenfalter ist ein typischer Trockenrasenfalter. Seine Raupe lebt auf Spitzwegerich, Klappertopf und Flockenblume. Wie alle Raupen der Scheckenfalter ist sie mit Warzen besetzt.

widderchen unter der Beseitigung von Schlehen, die Rostbinde und der Flockenblumen-Scheckenfalter unter der Vernichtung von Büschen und Buschgruppen ganz allgemein.

Andererseits ist ein Zuwachsen der »Schlehenheiden« ökologisch noch abträglicher. Die richtige Dosierung der Pflegemaßnahmen ist gefragt.

Weiterhin sollte gewährleistet werden, daß verstreut über die Rasengesellschaften Trupps von insbesondere blau- bis rotfarbenen, die andere Vegetation überragenden Blüten wie Witwenblumen, Skabiosen, Kratzdisteln und Flockenblumen ausreichend auftreten. Diese dienen dann als Aussichtswarten, Wohnsitz, Start- und Landebahnen für die Widderchen und nicht zuletzt natürlich als bevorzugte »Tankstellen« für alle nektarhungrigen Schmetterlinge.

Wichtige landschaftliche Zusatzstrukturen für die sehr wärmeliebenden Falterarten sind Felsein-

Eine Gottesanbeterin (Bild links) hat einen Blauäugigen Waldportier erbeutet. Der Blauäugige Waldportier fliegt sowohl an heißtrockenen Stellen als auch auf Feuchtwiesen.

Der Kleine Waldportier (hier beim Abflug) lebt an sandigen, trokkenen und heißen Standorten, nördlich der Alpen nur sehr lokal. Die Raupe lebt auf verschiedenen Gräsern und überwintert.

Raubfliege mit einem Mauerfuchs als Beute. Die Raubfliege vermag noch mit Beute zu fliegen, die ihr eigenes Körpergewicht um ein Mehrfaches übersteigt.

Die perfekt getarnte Raupe des Beifußmönchs ist auf der Futterpflanze fast unsichtbar.

sprengsel und vegetationsfreie Flecken. Sie speichern weit mehr Wärme als bewachsene Flächen und gewinnen so eine wesentliche Funktion für den Wärmehaushalt dieser Tiere mit mediterraner Herkunft.

Weitere Schutzmöglichkeiten für diese Faltergruppe bestehen darin, Sandgruben und Steinbrüche in wärmebegünstigten Lagen nicht (!) zu rekultivieren und dort, wo Trocken- und Halbtrockenrasen neu angelegt und gestaltet werden können, wie an Wänden von Bodenentnahmestellen, Dämmen oder Hanganschnitten bei Verkehrsstraßen usw., von Anfang an auf jede Humusauflage und Düngung zu verzichten. Schnelles Begrünen landschaftlicher Wunden ist kein Naturschutz.

Manche Arten hier beanspruchen sehr viel Fläche, so der Apollo- und der Segelfalter, deren Lebensraum geschlossen in einem Stück oder mehreren größeren, eng benachbarten Teilen vorliegen muß. Daher ist es beispielsweise für die Erhaltung einer Apollo-Population wegen der erheblichen Sterblichkeitsrate der jungen Raupen notwendig, daß wenigstens 400–600 Eier je 1500 Quadratmeter und Saison abgelegt werden. Dabei legt ein Weibchen im Mittel nur knapp 100 bis maximal 150 Eier. Die durchschnittliche Zahl ausgewachse-

Der Lebensraum des Apollofalters sind heißtrockene, steinige Hänge vom Tiefland bis ins Gebirge, mit Weißer Fetthenne, der Raupenfutterpflanze. Der Apollo fliegt in einer einzigen, ausgedehnten Generation von Mai bis August und zeigt unter allen Tagfaltern die größte individuelle Variabilität: Jedes Tier ist etwas anders gezeichnet, vor allem die Zahl und Ausdehnung der von blaßgelb bis tiefrot gefärbten Augenflecke ist sehr unterschiedlich.

Nicht flugfähige Falter, morgens oder bei verdecktem Himmel, schlagen bei Störung das vordere Flügelpaar nach vorne, auf den Hinterflügeln wird dann ein weiteres Paar roter Augenflecke sichtbar. Zudem reiben die Falter mit den Beinen an der Unterseite der Hinterflügel, was ein knisterndes Geräusch bewirkt, ähnlich dem Zirpen einer Heuschrecke.

ner Falter beträgt für solch einen Geländeausschnitt dann 20 bis 30 Individuen, worunter jedoch nur vier bis sechs Weibchen sind. Eine Apollo-Population mit rund 100 Weibchen würde demnach mindestens drei Hektar Raum benötigen.

Bereits diese Zahlen zeigen, daß für langfristig stabile Falterpopulationen erheblich größere Flächen vonnöten sind. Beim Segelfalter konnte sich eine Population bei Würzburg auf einer Fläche von 62,5 ha über Jahrzehnte gut halten. Dieser Bestand umfaßte im Jahr 1953 genau 70 Männchen, die mit einer unbestimmten Zahl von Weibchen zusammenlebten.

Der Apollo legt die Eier nicht wie die meisten anderen Falter direkt an die Futterpflanze der Raupe, sondern in deren Nähe an Steine oder verdorrte Vegetation. Das Ei überwintert, wobei das Jungräupchen im Ei bereits voll entwickelt ist und nur die erste Frühlingssonne abwartet, um sich aus der Eischale zu beißen.

Die Raupe frißt nur bei Sonnenschein. Sie nimmt mit dem Futter Giftstoffe auf, die sie für Vögel ungenießbar macht. Sie zeigt die für giftige Raupen typische Warntracht in den Farben Schwarz-Rot oder Schwarz-Gelb.

Die Raupe verpuppt sich in einem losen Gespinst am Boden. Die schwarze Puppe hat weißen Reif, der sich bei Berührung wie Puder ablöst.

IM PFEIFENGRAS SITZT DER WALDPORTIER

In der Pfeifengraswiese ist einer unserer großen Tagfalter zu Hause: der Blauäugige Waldportier oder Riedteufel. Ein auffälliger Schmetterling und eine der Paradearten für die Bindung an den Ökotyp, aber auch eine Nummer auf der Roten Liste. Das Pfeifengras, das dichte Bestände bildet, ist seine wichtigste Raupenfutterpflanze. Den Tag über verbirgt sich die Raupe tief am Boden im Grasfilz. Nach Einbruch der Nacht klettert sie an die Grasspitzen und frißt, taubetropft, im Schutze der Dunkelheit. Die Jungraupe ist im September geschlüpft und hat überwintert. Die stattlich große, erwachsene Raupe verpuppt sich im Juni, noch vor der Mahd. Der Pflanzenfilz am Boden dient den Raupen zur Überwinterung, Ruhe und Verpuppung. So erfaßt die Mahd weder Raupe noch Puppe, beide gehen ihr zeitlich aus dem Weg.

Wie aber übersteht der Falter das Mähen? So lokal und selten er ist: Wo er lebt, ist der Riedteufel zahlreich. Die geruhsam von Blüte zu Blüte gaukelnden Tiere stechen im sommerlichen Sonnenlicht als große schwarzbraune Flecken ins Auge. Im Pfeifengras leben Tausende Raupen auf engstem Raum. Noch von kleinen, nur wenige Ar großen Flächen aus können die zahlreich schlüpfenden Falter in günstigen Jahren die angrenzenden Biotope in großer Zahl besiedeln. Allerdings nur, wenn Streuwiesen oder extensive Grasflächen in nächster Nähe erreichbar bleiben. Wiesen trockener Standorte, Hochstaudenbestände, Säume, dort ist das passende Blütenangebot für diese hungrigen Honigsauger.

Der Waldportier bevorzugt blaue und violette Blüten: Witwenblume, Skabiose, Teufelsabbiß, mehrere Disteln, Dost. Erst lange nach Sonnenaufgang werden die Falter munter. Noch gegen 9 Uhr schlafen sie mit geschlossenen Flügeln an den Blütenköpfen. Um die Mittagszeit besonders heißer Tage sind sie dagegen wie vom Erdboden verschluckt. Vor der Sonne flüchtend, suchen sie den Schatten von Gebüschen auf.

Die Ansprüche des Waldportiers sind also nicht leicht zu befriedigen: Kleinräumig strukturierte Landschaft, ein engräumiges Biotopmosaik, extensives Grünland – das gibt es fast nur noch in vergessenen Winkeln fernab der Siedlungen. Dieser Schmetterling ist einer der ganz wenigen Falter, die mit einem Minimum an Fläche auskommen, und dennoch sind die letzten verstreuten Populationen gefährdet.

Wo er auf gemähten Pfeifengraswiesen siedelt, ist er von der Intensivierung der Bewirtschaftung bedroht – oder umgekehrt vom Verbrachen seines Lebensraumes, der dann allzu schnell verbuscht.

Wahrscheinlich sind die Riedteufel der Naßwiesen und Niedermoore Nachkommen von Faltern, die im unwirtlichen Mitteleuropa der Eiszeit aushielten und sich anpassen konnten. Andere Falter dieser Art überlebten in Refugien in der Mandschurei und zogen in der Warmzeit wieder in Mitteleuropa ein.

Aber auch an den von Menschen weniger beeinflußten Standorten (der Riedteufel fliegt auch in Mooren), wo er mancherorts der häufigste Tagfalter sein kann, ist die Art durch Torfstich, Entwässerung und intensive landwirtschaftliche Nutzung langfristig bedroht.

Der Blauäugige Waldportier lebt auf Trockenrasen und auf Feuchtwiesen. Er fliegt meist erst ab Ende Juli. Die Raupe frißt nur nachts an Gräsern und hält sich tagsüber am Boden versteckt. Sie wächst sehr langsam.

DAS ABENTEUERLICHE LEBEN DER MOORBLÄULINGE

Auf Pfeifengraswiesen, aber auch auf der nährstoffreicheren »zweischürigen« Kohldistelwiese und deren ungemähten Rändern flattert um die Blütenköpfe des Großen Wiesenknopfes gerne ein unscheinbarer Bläuling. Erst auf den zweiten Blick entdeckt man noch einige Tiere mehr, es sind zwei im Aussehen sehr ähnliche Arten. Beide interessieren sich nur für die Blüten des Großen Wiesenknopfes: Auf ihnen saugen, balzen und kopulieren sie. Einige beschäftigen sich eingehend mit jungen, nicht aufgeblühten Blütenköpfen.

Der Große Moorbläuling und der Schwarzblaue Bläuling sind beides gefährdete Arten der Roten Liste. Nicht allein im Aussehen, in ihrer gesamten Biologie und ihren ökologischen Ansprüchen gleichen sie sich (Flugzeit, Raupenzeit, Raupenfutterpflanze, Falter-Nektarquelle, gleicher Lebensraum). Eine scharfe Konkurrenz scheint da unvermeidbar! Und doch gehen sie sich aus dem Weg: Die Weibchen des Großen Moorbläulings belegen nur die jüngsten, noch grünen Blütenköpfe des Großen Wiesenknopfes und diese mit allein einem Ei. Die schwarzblauen Weibchen legen zwei bis vier Eier – in kurz vor dem Aufblühen stehende Köpfchen. Diese befinden sich im oberen Bereich der etwas höheren, älteren Pflanzen. Auf diese Weise begegnen sich die zweierlei Raupen nie.

Die frisch geschlüpften Räupchen fressen sich sogleich in den nächstliegenden Fruchtknoten hinein. Sie leben »endophytisch«, d. h. im Nahrungssubstrat. Ihr Körperbau ist so an diese Lebensweise angepaßt, daß eine Raupe, einmal herausgeholt, nicht mehr fähig ist, sich erneut einzubohren: Sie ist glatt, die Haut hellrosa und weich. Der erste Fruchtknoten ernährt die Larve bis zur zweiten Häutung; dann ist diese Quelle erschöpft, ein zweiter Fruchtknoten wird angebohrt. Jetzt verfärbt sich der Blütenstand sichtlich von rot nach braun.

Am Ende ihres dritten Stadiums sollte die Raupe eigentlich fast erwachsen sein, doch mißt sie erst wenige Millimeter. Aber jetzt geschieht etwas Unerwartetes: Die Häutung zum vierten Raupenstadium entläßt ein ganz anderes Tier: Diese Larve, winzige drei Millimeter groß, ist abgeflacht asselförmig, lang beborstet, trägt auf dem Rücken Wülste und eine Honigdrüse auf dem siebten Brustsegment. Die Haut ist derb, wegen der vielen winzigen, aber wichtigen Duftdrüsen.

Dieses Tier verläßt die Blüte, klettert den Stengel herab. Bald trifft es auf Duftmarken der Todfeinde jeder Schmetterlingsraupe: der Ameisen. Diese finden auf ihren Duftstraßen in die Nester zurück. Das Räupchen folgt den Markierungen, statt die Flucht zu ergreifen: Ameisen und Raupe begegnen sich. In rauher Ameisenmanier nehmen diese die Beute erst einmal kräftig in die Zange. Das beeindruckt die Raupe aber nicht, denn ihre Haut ist nicht nur derber geworden, sie ist bis zu zwanzigmal dicker als eine gewöhnliche Raupenhaut. Plötzlich läßt die Ameise los, betastet die Raupe; die neugierigen Fühler trillern. Die Ameise hat es bemerkt: Die Beute riecht gut – nach Blattläusen! Und die Honigdrüse auf dem Rücken spendet Zuckersaft. Die Raupe wird gemolken: Eine volle Stunde kann dies dauern, dann, als hätte sie davon genug, richtet sich die Raupe auf, zieht ihren Kopf ein und erstarrt zur Sphinx. Jetzt packt die Ameise die Raupe mit ihren Mandibeln – und eilt mit ihr davon ins Nest.

Die Raupe ist am Ziel. War sie bereits im Blütenköpfchen des Wiesenknopfs eingebohrt für Raupenparasiten weitgehend unsichtbar (Schlupfwespen vermögen sie allerdings auch da zu orten), so lebt sie jetzt in absoluter Sicherheit. Umgeben von Zehntausenden wehrhafter Insekten, behütet als »Dauerpraline«. So gering ihre Honigmengen sein mögen, gerade das macht den Ameisen Appetit, ohne ihren Hunger zu stillen.

Soweit scheint die Idylle perfekt, wären die Ameisen nicht die Betrogenen. Gelegentlich nämlich vergreift sich die Bläulingsraupe an der Ameisenbrut und wächst so innerhalb von zehn Tagen zu einer stattlichen Größe von 1,5 cm heran. Keine Raupe dieser Gattung *Maculinea* kann ohne Ameisen ihre Entwicklung beenden. Die Ameisen dagegen können sehr wohl ohne ihren Brutparasiten leben. So gerne sie den Honig trinken, sie brauchen ihn nicht – nur der Duft ist betörend.

Feuchtwiesen mit Großem Wiesenknopf, der Raupenfutterpflanze der Moorbläulinge.
Die Bildserie rechts zeigt die Partnerfindung bzw. Partnerbindung des Moorbläulings.

Einmalig unter Schmetterlingen ist der Wachstumsschub während des letzten Larvenstadiums, ohne daß eine Häutung erfolgt. Die Chitinhaut kann üblicherweise als totes Ausscheidungsprodukt dem Wachstum nicht folgen und muß daher abgestreift werden. Die Puppe produziert keinen Honig mehr. Ohne Nahrung aufzunehmen, wäre das zu aufwendig. Die Duftdrüsen aber arbeiten weiter – der Sicherheit halber. Als kleine Abschreckungsmaßnahme kann die Puppe zudem zirpende Laute von sich geben. Wie es dem schlüpfenden Falter allerdings gelingt, das Ameisennest zu verlassen, ohne angegriffen zu werden, ist noch unerforscht.

Bläulingsraupen sind generell von Ameisen umgeben, direkt von ihnen abhängig sind aber nur die Schwarzgefleckten Bläulinge. Die meisten Bläulingsraupen sondern Zuckerwasser ab. Dieses und der Blattläuse verheißende Geruch ihrer Duftdrüsen zieht Ameisen fast magnetisch zu den Raupen. Einige sind so attraktiv für die Ameisen, daß sie von ihnen in ihr Nest getragen werden. Es ist bisher unbekannt, wie und wie viele Raupen es schaffen, dort zu überleben und sich zu verpuppen. Welchen Nutzen die Raupen aus den Ameisen ziehen, zeigt ein Freilandexperiment: Isoliert man einzelne mit Raupen besetzte Pflanzen, dann sind die Ameisen am Kontakt mit den Raupen gehindert. In diesem Fall sind die Raupen mehr als doppelt so stark von Parasiten befallen. Besonders zudringliche Raupenfliegen oder -wespen werden von den Ameisen sogar angegriffen und vertrieben.

Wie konnten sich die Bläulingsraupen die Ameisen, ihre Todfeinde, zum Helfer umfunktionieren, denen bestenfalls einige Tröpfchen Zuckersaft als Gegenleistung verbleiben? Bläulingsraupen leben nicht vom Blatt allein, ohne Mühe überwältigen und verzehren sie auch Blattläuse. In den Läusekolonien geraten sie allerdings in Konflikt mit den Ameisen, die diese wichtige Nahrungsquelle, den Honigtau und seine Produzenten, gegen jeden Feind verteidigen. Indem sie Duftdrüsen und eine Honigdrüse entwickelten, die Läusegeruch produzieren, ahmten die Bläulingsraupen Blattläuse nach: Nicht nur konnten sie nun unbehelligt unter den Läusen leben, sie wurden zugleich Nutznießer der Fürsorge durch die Ameisen. Auch abseits der Läusekolonien funktioniert das Anlocken der Ameisen, manche Raupenart kann dazu sogar auf eine Honigdrüse verzichten.

Die Anpassungen der Bläulingsraupen:

1. Die über den ganzen Körper verteilten *Duftdrüsen* verleihen den Raupen den Duft nach *der* großen Honigquelle der Ameisen: den Blattläusen;

2. Die *Honigdrüse:* Ihr Zuckersaft besteht aus 20 Teilen verschiedener Zucker und 80 Teilen Wasser;

3. Eine dicke *Elefantenhaut* mit Höckern und Wülsten hilft, den »Begrüßungsbiß« der Ameise auszuhalten;

4. Ein *Abwehrverhalten,* das für Schmetterlingsraupen ganz und gar untypisch ist: Statt bei einer Berührung durch die Ameise erregt mit dem Körper hin und her zu schlagen, erstarren die Raupen. Die geringste Bewegung einer Beute würde nämlich bei der Ameise Angriffsverhalten auslösen.

DIE NATUR WIRD TROCKENGELEGT

Neben den nährstoffarmen Biotopen, also den mageren Standorten, sind es vor allem feuchte und nasse Gebiete, die der Mensch in Mitteleuropa auf großer Fläche wirkungsvoll vernichtet hat und weiterhin zurückdrängt. So verwundert es nicht, daß auch von den auf Naß- und Feuchtwiesen spezialisierten Schmetterlingsarten sehr viele in den Roten Listen erscheinen. Es sind vor allem großflächige Entwässerungen, Flußbegradigungen und sonstige landeskulturelle Maßnahmen, die aus Tälern und Niederungen mit vielen Feuchtwiesen monotone Agrarsteppen werden ließen. Das Ausmaß dieses Vernichtungsfeldzuges mögen die folgenden Zahlenbeispiele verdeutlichen:

Um 1900 gab es in Bayern knapp 150 000 Hektar Streuwiesenflächen, 1974 waren davon bereits zwei Drittel trockengelegt! Und auch für diese Reste gab es keine Bestandsgarantie: Allein in den fünf Jahren von 1974 bis 1979 wurden beispielsweise im Naturraum Sonneberg noch einmal 20 Prozent der Streuwiesen-Restflächen entwässert und überwiegend in Felder umgewandelt.

In Westfalen-Lippe betrug das Acker-Grünland-Verhältnis im Jahre 1948 noch 1 : 1. Grünland hieß in dieser Region weitgehend Feuchtwiesen. Bis 1969 blieb dieses ausgeglichene Verhältnis erhalten. 15 Jahre später, 1984 also, betrug die Relation dann schon 2 : 1 zugunsten der Äcker.

Und auch heute noch ist das Feuchtgrünland – trotz anderslautender politischer Bekenntnisse und öffentlicher Schutzprogramme – in seinem Bestand bedroht. Erinnert sei in diesem Zusammenhang nur an verschiedene landverschlingende Großbaumaßnahmen, wie etwa den Rhein-Main-Donau-Kanal, die Donau-Kanalisierung oder den geplanten Flughafen im Erdinger Moos.

Neben den großflächigen sind auch die kleinflächigen Naß- und Feuchtwiesen in Mulden und Tälchen keineswegs außer Gefahr: Aufschüttungen mit Müll, Erde, Bauschutt usw., Anlage und Ausdehnung von Fischteichen und Kiesgruben ließen und lassen so manchen wertvollen Standort verschwinden. Nicht zu vergessen unter den Bedrohungsfaktoren ist schließlich noch die Aufforstung mit Pappeln, Erlen, stellenweise auch Fichten; oder die Brache nach der Aufgabe der extensiven Grünlandnutzung. Auch dadurch geht der besonders schutzwürdige Biotopcharakter nachhaltig und bleibend verloren. Mit ihm natürlich auch die typischen Feuchtwiesenschmetterlinge.

Ein weiteres Problem für die bisher nicht dränierten Grünlandbereiche stellt wiederum die Intensivierung dar. Allerdings schädigen die einzelnen Intensivierungsmaßnahmen die verschiedenen Typen von Feucht- und Naßwiesen und ihre Faltergesellschaften nicht überall in gleicher Weise und im gleichen Maße. Ein Beispiel: Während sich Düngung auf die Faltergesellschaften der von Natur aus sehr nährstoffarmen Streuwiesen und vieler Flachmoorstandorte bereits bei relativ geringen Gaben katastrophal auswirkt, verträgt die Falterfauna der Kohldistelwiesen diese Maßnahme vergleichsweise besser.

In den nährstoffarmen Pfeifengraswiesen verdrängt Dünger die Biotopspezialisten nämlich sehr schnell. Es kommt zu einem nachhaltigen Wandel in den Pflanzen- und Tierbeständen. Die gefährdeten Arten treten zurück, ihren Platz nehmen zunehmend die ohnehin häufigen »Allerweltsarten« ein. Die Belastbarkeit des Ökosystems Streuwiese und seiner Falterbestände gegenüber Düngung ist sehr gering. Nach Untersuchungsergebnissen sind die gefährdeten Pflanzen und Falter der Streuwiesen bereits bei mäßig stickstoffreichen Standorten bedroht, steigt die Stickstoffbelastung nur merklich weiter (N-Zahl über 5), fallen sie praktisch ganz aus. Kaum anders steht es mit der Anpassung der Faltergemeinschaften an Häufigkeit und Zeitpunkt der Mahd.

Während die Streuwiesenfalter ihr jahreszeitliches Optimum von Mitte Juli bis Mitte September aufweisen und damit ein Mähen der gesamten Fläche vor Mitte September katastrophale Auswirkungen hätte, verträgt die Faltergesellschaft der Kohldistelwiesen zwei Mahden, wobei der erste Termin im Juni liegen sollte. Allerdings verarmt auch der Artenbestand der Kohldistelwiesen meist recht schnell, wenn häufiger als zweimal oder wenn zum falschen Zeitpunkt gemäht wird.

Feuchtwiese, dicht besetzt mit Schwertlilien.

FALTERSCHUTZ AUF DEN FEUCHTWIESEN

Der Kampf um alle noch existierenden Bestände auf Feuchtwiesen ist schon allein wegen der hohen Verlustraten in der Vergangenheit primäres Ziel. Notwendig ist darüber hinaus wiederum ein »Wiesenmanagement«, das auf die speziellen Biotopansprüche sowie die Flugzeiträume dieser Falterarten abgestellt ist. Ein generelles Schutzziel bildet außerdem ein im kleinen möglichst abwechslungsreiches Bodenrelief und eine sehr lückige Vegetationsstruktur mit abwechselnd differierenden Höhen der Gräser und Kräuter auf engstem Raum. Gerade dieses lückige Pflanzenkleid, ein Charaktermerkmal vieler Extensivwiesen, ist es, was zahlreiche gefährdete Wiesenschmetterlinge zuallererst brauchen. Dies kann so weit gehen, daß sich in extensiven Feuchtwiesen gefährdete Falter einstellen, die nur Intensivgrünland in jedem Fall meiden, Extensivwiesen nasser und trockener Standorte dagegen besiedeln. Beispiele sind der Skabiosen-Scheckenfalter, der Riedteufel, der Schwarzbraune Bläuling oder das Rostbraune Wiesenvögelchen.

Erhalten werden müssen halbwegs großflächige Gebiete. Die ehedem sehr umfangreichen Feuchtwiesenareale sind heute auf kleinste Reste geschrumpft, welche zunehmend den Charakter von Inselbiotopen im Meer der intensiv genutzten und damit für die Tiere feindlichen Agrarlandschaft annehmen. Diese Biotopisolierung wird um so bedrohlicher, als die Tagfalter der Streuwiesen selten einmal mehr als zehn Meter in das Kulturland hinausfliegen: Sie hängen am Heimatfleck.

Für große Refugien spricht außerdem, daß eine Reihe von Falterarten, die aufgrund ihrer ökologischen Ansprüche nur hier siedeln können, bisher nur in großflächigen Feuchtwiesen festgestellt werden konnten. Sie brauchen viel Raum! Zudem sind die hier lebenden Schmetterlinge inzwischen auf ihren »Inseln« weitgehend isoliert von Artver-

Der Ampferfeuerfalter, ein weiterer Bewohner der Feuchtwiesen, tritt in zwei Farbvarianten auf. Die Tiere des Tieflandes weisen einen blauvioletten Schiller auf, der den Tieren in den Alpen und im Alpenvorland fehlt. Die Raupe lebt vorwiegend auf Sauerampfer und überwintert.

Das Grünwidderchen fliegt stellenweise recht häufig auf Mooren. Die Raupen leben auf Sauerampfer und verpuppen sich in der Bodenstreu. Die halberwachsenen Raupen überwintern. Bei den Grünwidderchen gibt es mehrere, sehr ähnliche Arten, die äußerlich kaum unterscheidbar sind.

Der Große Heufalter ist ein typischer Bewohner der Feuchtwiesen. Der früher nicht allzu seltene Falter ist infolge ausgedehnter Melorationen von Feuchtgebieten in den letzten Jahren auffallend selten geworden. Die Raupe lebt auf Wollgras und überwintert.

Der Große Perlmutterfalter (rechts oben) fliegt häufig auf Mooren. Seine Raupe lebt an Veilchenarten und überwintert halberwachsen.

Der Natternwurz-Perlmutterfalter (rechts) fliegt auf Feuchtwiesen. Die Raupe lebt vorwiegend auf Schlangenknöterich.

Das Rostbraune Wiesenvögelchen bewohnt wie der Blauäugige Waldportier sowohl Feuchtwiesen als auch Trockenrasen. Die Raupe lebt auf verschiedenen Gräsern und überwintert.

wandten. Wie viele Tierarten hier noch überleben können, hängt daher ganz entscheidend von der Größe dieser Inseln ab. Mit der Inselfläche steigt im Regelfall die Bestandsgröße der Arten, das Angebot an Nahrung, Schlupfwinkeln und sonstigen ökologischen Ressourcen. Die Population wird flexibler gegen ungünstige Witterung oder Verknappungen bei den überlebensnotwendigen Requisiten des Biotops.

Kleinflächige Feuchtwiesen sind deshalb nicht wertlos. Auch sie oder beispielsweise ein dichtes Grabennetz (soweit es nicht entwässert ist) mit naturbelassener Verlandungsvegetation können Heimstatt für etliche Arten sein.

Eine wichtige Rolle spielt dann die Entfernung zum nächsten gleichartigen Lebensraum mit denselben Arten an Faltern. Nach vielen Studien an Inselfaunen gilt: Je geringer der Abstand, desto größer die Überlebenschance. Zuwanderung der Arten aus benachbarten Gebieten und eine Bestandsauffrischung werden wahrscheinlicher.

Wo Feuchtwiesen auf kleine Reste zurückgedrängt wurden, muß versucht werden, die Flächen wieder zu vergrößern. Ein denkbarer Weg dafür ist, angrenzende Kulturbiotope wie Fettwiesen oder Maisäcker zu vernässen, auszumagern und in Extensivwiesen zu überführen. Freilich sind solche

Rückverwandlungen schwer durchsetzbar und ökologisch problematisch. Außerdem stellt sich der Erfolg in Form von Neuansiedlungen bzw. Bestandserhöhungen der Feuchtwiesenschmetterlinge erst nach und nach ein. Unmöglich aber ist dieser Weg nicht.

Eine kleine Hilfe gegen die Isolation zweier benachbarter Feuchtwiesen können geeignete Trittsteine oder Verbindungselemente bilden. Vorteilhaft scheinen blütenreiche Gräben zu sein. Zumindest zeigen Beobachtungen, daß sich auch viele Feuchtwiesenspezialisten unter den Schmetterlingen längs solcher »Leitlinien« viel weiter als sonst in das Kulturland hinauswagen. Keinesfalls dürfen diese Gräben jedoch entwässernd wirken.

Bei nährstoffarmen Streu- und Kleinseggenwiesen empfiehlt es sich dringend, Pufferzonen gegenüber dem intensiv bewirtschafteten Kulturland aufzubauen – durch Staudenbestände und Sumpf-

Der Spiegelfleck-Dickkopffalter besitzt ein eigenartiges Verbreitungsgebiet. In der Bundesrepublik fliegt er nur im äußersten Norden, in der Schweiz nur südlich der Alpen. Die Raupe lebt auf Gräsern und überwintert.

Das Moorwiesenvögelchen kommt nur sehr lokal auf wenigen Feuchtwiesen vor und ist extrem stark gefährdet. Seine Lebensansprüche sind noch gar nicht hinreichend bekannt.

seggenriede. Solche Vegetationseinheiten nehmen bereits bei nur 15 m Breite einen großen Teil der zugeführten Nährstoffe auf und schützen damit die inneren Teile des Riedgebietes vor Überdüngung. Sie sollten zweimal im Jahr in besonders eiweißreichem Zustand abgemäht werden. Das Mähgut muß weg, sonst wirkt es selbst als Dünger.

Da es sich bei den meisten Naß- und Feuchtwiesen um halbnatürliche Lebensstätten handelt, um Biotope also, die ihre Existenz früherer extensiver Grünlandnutzung verdanken, würden sie bei völliger Nutzungsaufgabe fast immer zunächst von Hochstauden, später von Büschen, endlich vom Wald abgelöst. Eine solche Sukzession verändert nicht nur die Vegetationsstruktur und das Mikroklima im Biotop, betroffen sind auch die meisten Biotopspezialisten aus der Tier- und Pflanzenwelt, darunter fast alle Falter. Einigen wenigen Feuchtwiesenschmetterlingen (Saumarten) bringt die Brache allerdings in den ersten Jahren auch Vorteile. Beispiele sind der Violette Silberfalter und der Schwarzbraune Bläuling.

Die Mehrzahl der schutzwürdigen Falter reagiert auf das Brachfallen dagegen oft mit drastischen Bestandseinbrüchen und verschwindet nach einigen Jahren gänzlich. Mähprogramme werden daher eine wichtige Aufgabe des Schmetterlingsschutzes – überall wo nicht mehr regelmäßig gemäht wird. Je nach Wiesentyp und der Situation vor Ort muß dabei in sehr unterschiedlichen Rhythmen gemäht werden: Bei Pfeifengraswiesen empfiehlt sich ein Turnus von ein bis maximal drei Jahren, bei Kohldistelwiesen zwei Mahden in einem Jahr. Kleinseggensümpfe sollten höchstens sporadisch, teilweise auch überhaupt nicht, Großseggenriede, Glanzgras- und Wasserschwadenbestände nicht oder höchstens bei Bedarf gemäht werden. Hier geht es nur darum, das Ansiedeln von Büschen zu verhindern.

Für den Mähzeitpunkt gilt die Faustregel, daß die Falterfauna der Feuchtwiesen durch eine relativ späte Mahd am wenigsten geschädigt wird. So dauert die Hauptflugzeit der Falter in den meisten Feuchtwiesen und im Pfeifengras von Juli bis Anfang September, anschließend erst sollte gemäht werden. Oft ist es außerdem so von Vorteil, wenn eine Wiesenfläche nicht in einem Stück abgemäht wird, sondern nur teilweise und zeitlich versetzt. Dann können die Schmetterlinge und ihre Raupen aus den abgemähten Bereichen in die noch ungemähten ausweichen.

Punktuell und alternativ dürfen und sollen aber auch einzelne Parzellen in einem Feuchtwiesengebiet einige Jahre ungemäht bleiben. So hat etwa der Kleine Moorbläuling seine besten süddeutschen Vorkommen in jungen Brachen, weil hier der Schwalbenwurzenzian, eine der Enzianarten, an denen er seine Eier ablegt, am besten gedeiht. In Norddeutschland besiedelt diese Art hauptsächlich nährstoffarme, feuchte Moorwiesen und belegt dort den Lungenenzian.

BLAUSCHILLERNDER FEUERFALTER: TREUE ZUM HEIMATFLECK

Der Blauschillernde Feuerfalter ist ein Liebhaber kühler Feuchtwiesen. Er kommt nur sehr lokal an Standorten mit starken Beständen von Weißem Hahnenfuß und Schlangenknöterich vor, und nur an Stellen, wo, wenn überhaupt, eine späte Mahd erfolgt. Die Raupe ist monophag, d. h. sie frißt nur eine einzige Pflanzenart, den Schlangenknöterich. Doch nicht nur die Raupe ist ein Nahrungsspezialist, sondern – und das ist auch unter Schmetterlingen außergewöhnlich – auch der Falter benötigt als Nektarquelle unbedingt eine bestimmte Pflanze, den Weißen Hahnenfuß. Der Falter gibt

In Feuchtwiesen zu Haus: Blauschillernder Feuerfalter.

sich also nicht mit einem breiten Blütenangebot zufrieden.

Der Blauschillernde Feuerfalter ist sehr standorttreu und vermag keine neuen geeigneten Biotope zu besiedeln, die mehrere Kilometer entfernt sind. Die starke Spezialisierung macht ihn zu einer besonders stark gefährdeten Art. Wenigstens ist die wichtigste Voraussetzung für erfolgreiche Schutzmaßnahmen gegeben: Die Lebensansprüche dieses Falters sind genau bekannt. Diese Kenntnisse fehlen uns bis heute von vielen anderen Arten. So fliegt z.B. auch das Moorwiesenvögelchen nur sehr lokal auf Feuchtwiesen. Die Raupe frißt fast alle Grasarten, und der Falter labt sich auf den verschiedensten Blüten. Warum der Falter trotzdem nur sehr lokal auf ganz wenigen Feuchtwiesen vorkommt, liegt noch im dunkeln. Seine Lebensbedingungen sind völlig unbekannt.

Das Weibchen des Blauschillernden Feuerfalters legt die Eier in der Regel einzeln an die Blattunterseite des Schlangenknöterichs. Die Jungraupe schabt vorerst nur die Blattoberfläche ab, erst nach der ersten Häutung sind ihre Kauwerkzeuge so stark, daß sie ganze Löcher in die Blätter nagen kann. Der Feuerfalter überwintert als Puppe, die Falter fliegen von Mai bis Juli, je nach Höhenlage.

Mehrere Falterarten (z.B. Segelfalter, Blauschwarzer Eisvogel) fliegen in Mitteleuropa nördlich der Alpen in nur einer Generation, südlich der Alpen in zwei bis drei Generationen. Der Blauschillernde Feuerfalter fliegt in ganz Westeuropa von Spanien bis Skandinavien in nur einer Generation, doch – und dies ist eine weitere verblüffende Besonderheit dieses Falters – in Osteuropa, etwa ab Berlin, tritt der Falter jährlich in zwei Generationen auf. Offenbar hat das in Osteuropa ausgeprägte kontinentale Klima mit einer langen Trokkenperiode im Sommer und großen tageszeitlichen Temperaturunterschieden einen Einfluß auf den Lebenszyklus dieser Art.

Beim Blauschillernden Feuerfalter zeigt sich ein ausgeprägter Geschlechtsdimorphismus. Aber nicht nur die Geschlechter sind verschieden gefärbt, sondern alle Tiere sind individuell verschieden, vor allem die Ausdehnung des Blauschillers ist sehr variabel. Dies macht den Falter leider für viele Sammler besonders attraktiv und begehrenswert, ein nicht zu unterschätzender Gefährdungsfaktor für eine so lokale Art.

Beim Blauschillernden Feuerfalter sind das Männchen (oben) und das Weibchen auf der Flügeloberseite völlig verschieden gefärbt, die Unterseite ist fast identisch.

Die beiden Eier in der Blattmitte stammen vom Blauschillernden Feuerfalter, die Gelege außen von zwei weiteren Insektenarten.

WALD

Laßt Licht in den dunklen Forst

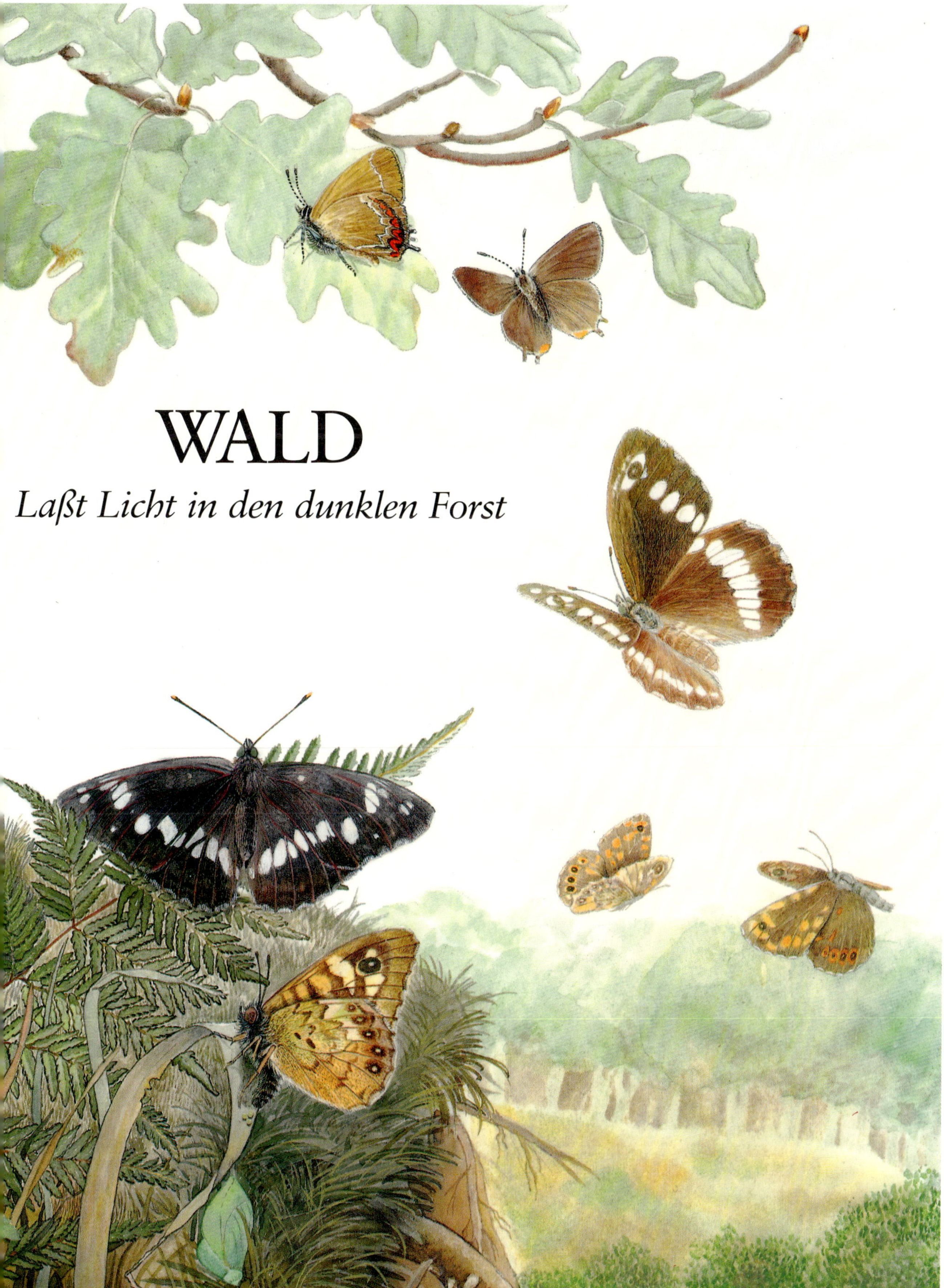

FICHTENWÄLDER: KEIN PLATZ FÜR SCHMETTERLINGE

Als Geschöpfe des Lichts meiden die wärmeliebenden Tagfalter in unseren Breiten das Innere geschlossener Waldungen. Entsprechend siedeln nur wenige Arten vorwiegend in großflächigen Gehölzen, und selbst diese finden wir (als Falter) praktisch ausschließlich an Stellen, die das Sonnenlicht erreichen kann: im Kronendach, in Bestandslücken zwischen den Bäumen und vor allem an den äußeren und inneren Waldmänteln, auf Waldwiesen und Kahlschlägen.

Anders dagegen die Nachtfalter: Praktisch jede zweite mitteleuropäische Eulen-, Schwärmer-, Spinner- und Spannerart hat ihren Haupt- oder einen wichtigen Nebenwohnsitz im Wald. Allerdings bevorzugt auch hier das Gros der Arten die lichten, an Saum- und Mantelstrukturen reichen Waldteile sowie die Waldränder.

Zu den schmetterlingsreichsten Waldgesellschaften der Bundesrepublik Deutschland zählen lichte Eichenmischwälder mit einer – zumindest stellenweise – blütenreichen Bodenflora. Ähnlich vorzügliche Falterbiotope stellen Schluchtwälder mit Edellaubhölzern, Orchideen-Buchenwälder sowie die Mittel- und Niederwälder dar, die ebenfalls sehr licht- und blütenreich sind, zumal auch in ihnen die sehr ausschlagsfähige Eiche eine zentrale Rolle beim Bestandsaufbau spielt.

Allein an diesem Baum oder, genauer gesagt, an den beiden wichtigsten Vertretern bei uns, der Traubeneiche und der Stieleiche, können weit über 200 Arten unserer Groß- und Kleinschmetterlinge leben. Das ist immerhin fast ein Zehntel aller heimischen Falterarten. Als typische Schmetterlinge mitteleuropäischer Eichenwälder, vor allem der Eichen-Hainbuchen-Wälder, gelten der Große und der Kleine Schillerfalter, der Grüne Eichenwaldspanner, Eichenkarmin und Eichenwickler. Aber auch andere Waldgesellschaften haben ihre Charakterarten. Die Rotbuchenwälder etwa den Nagelfleck, das Schwarzeck, die Buchenkahneule oder den Buchenfrostspanner.

Die überwiegende Mehrzahl der heimischen Waldschmetterlinge läßt sich dagegen keiner ganz speziellen Waldgesellschaft zuordnen. Vielmehr kommen sie in recht unterschiedlichen Wäldern vor. Dies nimmt nicht weiter wunder, da es vor allem die Saum- und Mantelstrukturen (außen und innen) sind, die die Falter für ihren Lebenszyklus brauchen und gezielt aufsuchen. Außerdem können die Raupen entweder ein breites Spektrum von Futterpflanzen befressen oder aber von Pflanzen leben, die ihrerseits in fast allen Waldtypen gedeihen. Eine scharfe Grenze läßt sich bei diesen Arten eigentlich nur zwischen den Laub- und den Nadelholzbewohnern ziehen, weil es nur eine Handvoll Schmetterlingsarten gibt, die als Raupe beide Baumklassen akzeptieren. Eine dieser Ausnahmen ist der Schlehenspinner, der außerdem noch an krautigen Pflanzen leben kann.

Auch die Waldschmetterlinge haben zum Teil bereits empfindliche Bestandseinbrüche erlitten. Insgesamt fallen diese allerdings bei weitem nicht so katastrophal aus wie bei den Faltern der Trokkenrasen und der Feuchtwiesen oder auch der Hochmoore: 87 Großschmetterlinge, das sind 17 Prozent aller Waldarten aus dieser Gruppierung, stehen auf der Roten Liste. Hinzuzurechnen sind die 40 Arten (oder 8 Prozent) mit Siedlungsschwerpunkt an den Waldrändern, Waldmänteln und Saumgebüschen. Über die Gefährdung der Kleinschmetterlinge läßt sich gegenwärtig angesichts der Lücken bei der Erforschung dieser Artengruppen noch keine abschließende Wertung vornehmen. Freilich zeichnen sich auch hier bereits bei sehr vielen Vertretern deutliche Einbußen ab (im Bestand und den Verbreitungsgebieten).

Die Ursachen für das Verschwinden der Waldschmetterlinge sind – anders als bei den Wiesenfaltern – nicht so sehr die Veränderungen im

Ein lichter Laub- oder Mischwald ist Lebensraum für eine artenreiche Schmetterlingsfauna.

Die Hauptgefährdung unserer Waldschmetterlinge resultiert aus einer verfehlten Forstpolitik. Artenreiche Mischwälder werden oftmals durch Monokulturen, meist mit Fichten, ersetzt.
Der Verlust von Wäldern durch Bauten, insbesondere Straßen, wiegt für die Schmetterlingsfauna doppelt schwer, weil für Ersatzaufforstungen nicht artenarmes Kulturland, sondern vorzugsweise »unproduktiver« Boden (z. B. steile Hänge, Feuchtwiesen) herhalten mußte. Gerade diese Biotope sind jedoch letzte Refugien unserer Falter.

Der Blaue Eichenzipfelfalter hält sich meistens in der Krone großer alter Eichen auf. Auch die Eiablage erfolgt auf diesen Bäumen, die Eier überwintern.

FALTER IM FRÜHLINGSWALD: IM ERSTEN SONNENSTRAHL

Schon an den ersten warmen Tagen Ende Februar/ Anfang März – lange vor den meisten Blüten! – zeigen sich Tagfalter im jetzt sehr sonnigen, laubfreien Wald. Es sind diejenigen Arten, die als Falter überwintern und mit der Wärme gleich losfliegen können. Auf den braunen, vom Herbst übriggebliebenen Blättern sind der Kleine Fuchs und der C-Falter aufgrund ihrer bizarren Flügelform und ihrer Färbung kaum zu entdecken. Auch der Große Fuchs ist so getarnt. Versucht man sich an ihn anzupirschen, hört er zudem jedes knackende Ästchen und jagt sofort davon.

Das Tagpfauenauge und der seltene Trauermantel sonnen sich auf den Wegen oder dem Waldboden, wo sie an feuchten Stellen saugen und so ihren Wasser- und Mineralbedarf decken. Fliegt ein Tagpfauenauge aufgestört davon, umkreist es erst noch »drohend« den Störenfried mit lautstarkem Flügelknistern.

Der leuchtend gelbe Zitronenfalter gehört zu den »Imaginal-Überwinterern« – er ist im Sommer des Vorjahres geschlüpft und fliegt bis in den Juni hinein: Mit ca. 11 Monaten erreicht er unter den heimischen Faltern das höchste Lebensalter.

Wenn im lichtdurchfluteten, noch kahlen Wald die ersten Blüten hervorbrechen, begegnen wir überall Faltern auf der Nektarsuche an Veilchen, Immergrün, Gundermann und Schaumkraut. Jetzt im April erscheinen auch die früh fliegenden, als Puppen überwinternden Landkärtchen und Aurorafalter. Im April und Mai flitzt über diese Tiere hinweg pfeilschnell ein ockerbrauner Falter – und ist verschwunden, ehe er zu erkennen war: ein Nagelfleckmännchen auf Partnersuche, ein noch recht häufiger Spinner, ein Nachtfalter also, der sich – nicht ausschließlich allerdings – auf das Leben am Tage verlegt hat.

Wie die meisten Vertreter aus der Nachtfalterfamilie der Spinner besitzt auch das Männchen des Nagelflecks kammartige Fühler.

Lichte Misch- oder Buchenwälder sind der Lebensraum des Nagelflecks.

Im April, beim Blattaustrieb der Buchen, schießen die Nagelfleckmännchen bei Sonnenschein in wildem Zickzackflug knapp über dem Boden durch die Wälder, um die am Boden im dürren Buchenlaub sitzenden Weibchen aufzuspüren. Die Paarung dauert meistens mehrere Stunden. Dieses Nagelfleckpärchen ist im dürren Buchenlaub perfekt getarnt. Die Raupen des Nagelflecks leben auf verschiedenen Laubbäumen, vorzugsweise auf Buche. Die Puppe überwintert.

Der Zitronenfalter gehört zu unseren bekanntesten und häufigsten Tagschmetterlingen. Er überwintert als Falter. Er zählt zu den ersten Frühlingsboten und verirrt sich auf Brautschau nicht selten bis in die Zentren von Großstädten. Sein eigentlicher Lebensraum ist jedoch lichter Mischwald.

Der Zitronenfalter setzt sich immer mit geschlossenen Flügeln auf Blüten.

Beim Balzflug wird die Flügeloberseite sichtbar. Nur das Männchen besitzt die intensive Gelbfärbung, das Weibchen ist fast weiß und im Flug nur schwer von einem Kohlweißling zu unterscheiden.

Die Raupe des Zitronenfalters frißt ausschließlich auf Faulbaum, hier im Bild, und Kreuzdorn.

Der Große Schillerfalter fliegt in Mischwäldern vom Tiefland bis 1200 m. Nur die Männchen tragen sogenannte Strukturschuppen, die bei einem bestimmten Lichteinfallswinkel die blaue Schillerfärbung bewirken. Die Männchen setzen sich gerne auf feuchte Waldwege und laben sich an Pfützen, Kadavern oder Kot, nie trifft man Schillerfalter beim Blütenbesuch.

Der Kleine Schillerfalter hat eine sehr ähnliche Lebensweise wie der Große Schillerfalter. Er bevorzugt jedoch etwas mildere Gegenden und steigt nur bis ca. 700 m hoch. Der Kleine Schillerfalter tritt auch in einer violetten Farbvariante auf. Außerdem trägt er im Gegensatz zum Großen Schillerfalter auf den Vorderflügeln eine Art Augenfleck. Hier labt sich ein Kleiner Schillerfalter zusammen mit Schmeißfliegen an einer toten Blindschleiche.

Nährstoffgehalt der Biotope. Denn zum einen sind die meisten unserer Wälder von Natur aus etwas nährstoffreicher, zum zweiten wird im Wald vom Menschen kaum gedüngt. Ökologisch viel einschneidender sind hier einmal die massiven Verluste an speziellen Waldgesellschaften (insbesondere der Feucht- und Naßwälder sowie der lichten Waldformationen auf trockenen Standorten), vor allem anderen aber die Praktiken der modernen Forstwirtschaft, die faktisch flächendeckend und gleichsinnig unterschiedslos fast auf der gesamten »Holzbodenfläche« der Bundesrepublik zur Anwendung kommen.

Der überwiegende Teil unserer ursprünglichen Laubwälder ist in Nadelholzforste, und die von Natur aus mit höchst unterschiedlich alten Bäumen bestockten Wälder praktisch durchweg in Bestände einheitlicher Altersklassen umgewandelt worden. Unsere Wälder werden so ständig dunkler und damit schmetterlingsfeindlicher. Zudem werden die breiten, gestuften Waldmäntel, die durch eine ganz besondere Falterfauna ausgezeichnet sind, vielfach vollständig eliminiert oder aber drastisch verkleinert, weil man durch Aufforstung die Holzproduktionsfläche bis an den Waldrand vortreibt. Soweit nicht zuvor ohnehin von den Feldern her die Fluren bereits »begradigt« wurden.

Für Konflikte mit dem Naturschutz ist auch dann gesorgt, wenn die Weichhölzer, die für viele Schmetterlingsraupen überlebenswichtig sind, bei Reinigungshieben aus dem Bestand genommen werden, wie es gängiger forstlicher Praxis entspricht. So leben beispielsweise an der Salweide mindestens 27, an der Espe 34 und an der Birke 87 Falterarten. Die Gefahren durch den Einsatz von Gift bedürfen eigentlich keiner Erwähnung. Zwar wird Gift (nach veröffentlichten Statistiken) nur auf rund einem Prozent der Waldfläche ausgebracht, da es sich dabei aber vorzugsweise um die staudenreichen Schläge und um Flächen neuer Aufforstung handelt, wo sich wegen der vielen Blüten auch das Schmetterlingsleben konzentriert, ist die Schadwirkung dennoch erheblich und wird weit über die unmittelbar behandelten Flächen hinaus spürbar.

Sehr schädlich kann sich auch das Mähen der Wegränder (oft schon im Sommer) auswirken. Diese Nektarquellen werden immer wichtiger, seit den Wäldern blütenreiche Säume, Lichtungen und Schläge verlorengehen. Betroffen sind etwa Perlmutterfalter (z.B. der Kaisermantel), das Landkärtchen und andere Edelfalter, Augenfalter und Weißlinge. Natürlich auch viele Raupen und Puppen und zahlreiche Nachtfalter.

Schließlich ist das Teeren von Waldwegen, das zunehmend in Mode kommt, unter den Gefährdungsursachen für Waldfalter zu nennen. Dadurch werden unter anderem die Feuchtstellensauger, die sich an kleinsten Wasserpfützen gütlich tun, arg in Mitleidenschaft gezogen. So markante Erscheinungen wie die Männchen der Schillerfalter und des Großen Eisvogels zählen hierzu.

Das Problem des sauren Regens muß hier nicht erläutert werden. Stirbt der Wald, so sterben auch die Waldschmetterlinge. Darüber kann auch nicht hinwegtäuschen, daß die eine oder andere Art gegenwärtig offensichtlich davon profitiert, daß das Laubdach kranker Wälder lichter und die krautige Bodenvegetation dadurch üppiger wird.

Besonders hinzuweisen ist dagegen auf die vielfach unterschätzte Problematik der Neuaufforstung, wodurch immer mehr sonnige Lücken im Wald geschlossen werden. Unsere durch die Luftschadstoffe ohnehin arg gebeutelten Wälder erfahren darüber hinaus durch zahllose weitere menschliche Eingriffe (Siedlungs- und Straßenbau etwa) empfindliche Schädigungen und Flächeneinbußen. Diese Verluste wollen die Forstleute durch Neuaufforstungen an anderer Stelle auffangen. Soweit dazu »klassische« alte Holzbodenflächen oder aber intensiv genutzte Agrarflächen wie Mais- und Weizenfelder ausgewählt werden, ist

Die Eier der Schillerfalter (hier welche vom Großen) messen etwa 1 mm und haben fast die Form eines Topfkuchens. Sie werden immer einzeln auf die Blattoberseite geklebt.
Der Große Schillerfalter bevorzugt zur Eiablage schattige Weiden, vorwiegend die Salweide, der Kleine Schillerfalter dagegen besonnte Weiden und Zitterpappeln, gerne an Waldrändern.

Die Raupe des Großen Schillerfalters überwintert völlig ungeschützt in einer Astgabel. Ein typisches Merkmal sind die zwei langen Hörner am Kopf, die auf diesem Bild gerade vom Schnee zugedeckt sind. Im Frühling verfärben sich die Jungraupen nach ein wenig Nahrungsaufnahme sofort grün und sind damit den frischen Knospen farblich perfekt angepaßt und so getarnt.

Die Raupe verpuppt sich Ende Juni zu einer einfarbig grünen Stürzpuppe. Das Bild zeigt die Puppe des Kleinen Schillerfalters.

dagegen wenig einzuwenden. Es ist jedoch fast zur Regel geworden, daß der Forst auf die sogenannten Grenzertragsböden ausweicht: Trockenes und feuchtes Grünland, Moorbiotope, Borstgrasrasen, Zwergstaudenheiden und magere, waldnahe Wiesen sind jedoch für einen erfolgversprechenden Falterschutz (überhaupt für einen Naturschutz, der diesen Namen verdient) unverzichtbar. Der besondere ökologische Wert solcher Biotope liegt gerade auch in ihrer Gehölzarmut. Aufforstungen dieser Flächen stellen daher empfindliche Eingriffe in den Naturhaushalt dar und sind dringend abzuwehren.

Die Ordensbänder zählen zu den spätesten Faltern im Jahreskalender der Schmetterlinge. Sie fliegen ab Ende August bis Oktober. Die Ordensbänder trinken gerne Baumsäfte und können mit verschiedenen starkriechenden Mixturen geködert werden. In Mitteleuropa fliegen über ein halbes Dutzend Arten von Roten Ordensbändern.

Die Raupen der Ordensbänder leben auf Weide, Pappel und Eiche. Sie fressen nur nachts und verharren tagsüber an die Ästchen der Futterpflanze angeschmiegt. So sind sie perfekt getarnt. Bei Störung lassen sie sich fallen und schlagen wild um sich. Die Ordensbänder überwintern als Ei.

EICHE: KINDERSTUBE FÜR ÜBER 200 SCHMETTERLINGE

Kein Baum besitzt bei uns in Mitteleuropa eine ähnlich große Attraktivität für alle Arten von Pflanzenfressern wie die Eiche. Dies gilt auch und gerade für die Schmetterlinge: Weit mehr als 200 Arten »stürzen« sich auf diesen Baum, auf Stiel- wie auf Traubeneiche. Das sind knapp zehn Prozent der heimischen Klein- und Großschmetterlinge. In ihrem Gefolge greifen Räuber und Parasiten zuhauf an. Ohne sie käme es häufiger zum Kahlfraß eines Baumes oder eines ganzen Bestandes durch die vielen Falter. Doch reguliert sich die Individuendichte stets auch durch die Konkurrenz um die Nahrungsressource – in erster Linie mit den Artgenossen, in Ausnahmefällen mit anderen Arten.

Aber auch die Eiche wehrt sich ihrer Haut: Sie lagert Gerbsäuren in ihre Blätter ein und härtet ihr Laub, daher wird es im Laufe des Frühsommers immer zäher und ungenießbarer. So haben nur jene Raupen einen Vorteil, die sich an den ausbrechenden Knospen gütlich tun. Ihr Problem: Sie haben zum einen den Spätfrösten aus dem Weg zu gehen, müssen jedoch andererseits ihren Angriff früh starten, bevor die Abwehrstoffe des Baumes richtig greifen.

Wenn Laubaustrieb und Wetterlage ungünstig zusammentreffen, kann der Raupenvormarsch zu einer »Kalamität«, einem Massenbefall eskalieren. Dann können die Raupen z.B. des apart anzusehenden Eichenwicklers oder des Kleinen Frostspanners erhebliche Schäden anrichten: Das gerade erst ausgetriebene zarte Laub rieselt als feiner Kotregen hörbar vom Himmel.

Aber auch dann ist selten Grund zur Panik im Walde. Denn verloren gibt sich die Eiche noch lange nicht. Kanadische Biologen hatten sich mit dem seltsamen Befund beschäftigt, der bei jedem stärkeren Raupenbefall anzutreffen ist: Total

Die Illustration zeigt: Die Grüne Eichen-Eule als Falter (seine Raupen verbergen sich in den tiefen Rindenritzen alter Stämme und verschlafen dort den Tag). Die Ringelspinner-Weibchen legen die Eier als Ring um kleinere Zweige. Der bekannte Eichenwickler kann sich als Raupe an einem Sicherheitsfaden regelrecht abseilen und wieder auf ihr Blatt hochhangeln.
Das Jägerhütchen sitzt als Falter tags schlafend und perfekt getarnt im Laub. Im April sind die Raupen braun wie Eichenknospen, dann scheckig, wenn die Knospen schwellen, und werden zuletzt mit dem Laub grün.
Der Eichenkarmin ist eine der größten europäischen Eulen. Der Eichen-Glasflügler frißt gerade am Zweig, der Falter bildet eine Wespe nach und hat durchsichtige Flügel.
Noch zu sehen sind Mondfleckspanner und Mondfleck, sowie der Kokon des Eichenprozessionsspinners und seine Raupen in Aktion.

Uta Schmitt

Die Raupen des Schwammspinners, mit ihren roten und blauen Punkten unverwechselbar, trifft man an den Fundstellen meist häufig. Der Schwammspinner zählt zu den wenigen Schmetterlingen, bei dem es immer wieder zu kurzfristigen Massenvermehrungen kommt, wobei die Raupen dann große Waldstücke fast kahlfressen. Dies veranlaßt Forstverwaltungen nicht selten zum Einsatz von Insektiziden. Ein Großteil der Raupen geht auch ohne Gifteinsatz durch Parasitenbefall zugrunde, und die Bäume erholen sich sehr schnell von einem solchen Kahlfraß.

Die Raupen des Mondflecks leben immer gesellig bis zur Verpuppung. Sie fressen auf verschiedenen Laubbäumen, vorzugsweise auf Eiche.

Die Ahorneulenraupe schützt sich durch eine starke Behaarung vor Feinden.

abgefressene Flächen grenzen scharf an völlig unberührte Bestände. Es schien unglaublich, was sich als immer sicherer herausstellte und sich auch für andere Baumarten nachweisen ließ. Die Bäume reagieren in einer Weise auf den Befall, der wie ein Meldesystem zu Verteidigungszwecken wirkt: Eine unter Blattverlust leidende Eiche gibt über die Wurzeln Stoffe in den Boden ab, welche die in der Nachbarschaft stehenden Individuen veranlassen, die Gerbstoffproduktion in ihren Blättern zu beschleunigen. Befallene Eichen ergrünen zudem innerhalb weniger Wochen wieder und überleben auch bei mehrjährig aufeinanderfolgendem Verlust ihres ersten Laubtriebes. Allerdings verschlechtert sich unter solchen Bedingungen der Holzzuwachs der Bäume. Zu Zeiten der Waldweide wog dagegen vor allem der Verlust der Eichelmast infolge von Kalamitäten schwer.

Wieso können die Myriaden von Parasiten und Raubfeinden ein Ausbrechen dieser Massenvermehrung nicht verhindern? Jede Schmetterlingsraupe besitzt einen eigenen Parasitenkomplex mehr oder weniger auf sie spezialisierter Arten. Auch dem Kleinen Frostspanner fehlt es nicht an speziellen Feinden wie der Raupenfliege *Cycenis albicans*. Doch kommt diese oft nicht zum Zuge: Zwei Schlupfwespen besuchen später ebenfalls die Raupen dieses Falters und legen in ihr Larven ab, die der Made der Raupenfliege keine Chance lassen – der Spezialfeind wird »auskonkurriert«. Die Schlupfwespen jedoch vermögen als Nichtspezialisten den Kleinen Frostspanner nicht unter Kontrolle zu halten.

Treten Kalamitäten in Monokulturen auf, liegen die Ursachen auf der Hand: Nicht an den Standort angepaßte Bäume sind zu schwach, Angriffe auf breiter Front abzuwehren. Am natürlichen Standort ist das offenbar anders: Die im 7-Jahres-Zyklus ablaufenden Massenvermehrungen des Lärchenwicklers in den Schweizer Alpen verweisen gar auf einen »Sinn« dieser natürlichen Kalamitäten: Nach der vergeblichen Investition von Millionen Schweizer Franken in die Ausrottung dieses Kleinschmetterlings begriffen die Biologen erst, daß die kurzfristige Erhöhung des Nährstoffumsatzes im Ökosystem Lärchenwald im Effekt eine durchaus nützliche Nährstoffanreicherung im Boden bewirkt.

Wie groß ist die Gefahr einer erneuten Kalamität im Folgejahr? Oder, anders gefragt: Lohnt sich eine chemische Behandlung der befallenen Wälder finanziell? Abgesehen von Monokulturen, fängt das ökologische System in der Regel einen zweiten Ausbruch ab: Sobald Massen von Raupen im Walde erscheinen, erleben auch die Populationen

Der Blauschwarze Eisvogel ist wesentlich seltener als der Kleine Eisvogel. Er bewohnt meist milde, warme Gegenden. Seine Raupe lebt auf Geißblatt.

der Parasiten einen beispiellosen Anstieg, wenn nicht zuvor schon Epidemien durch Viren und Pilze die Raupen heimsuchen. Denn selten passen die klimatischen Bedingungen für die Raupen mehrere Jahre hintereinander »günstig« zusammen. Die »chemische Keule« ist überflüssig, die Natur hilft sich selbst.

ZURÜCK ZU LAUB- UND ALTEM BAUERNWALD

Der Aufbau macht's! Die Wahl der Baumarten, ihre Mischung, ihre Struktur, ihre räumliche Anordnung und der Altersaufbau sind das entscheidende Kriterium für die Existenz der Waldschmetterlinge. Es stellen sich für den Schutz der Waldschmetterlinge drei vordringliche Aufgaben:

Erstens müssen die heute noch vorhandenen Bestände der naturnahen Laubwälder möglichst umfassend und auf Dauer gesichert werden. Eine »pflegliche« Bewirtschaftung mit Nutzung einzelner Stämme oder durch Femelschlag (Entnahme kleiner Baumgruppen) ist nicht ausgeschlossen.

Zweitens müssen wesentliche Teile einer riesigen Fläche, die heute mit Nadelholzkulturen bestockt ist, wieder in standortgerechte Laubmischwälder (bei lichter Waldstruktur) zurückverwandelt werden. Als »Erste Hilfe« sollten dazu Nadelwäldern in größerem Stile standortgerechte Laubbäume beigemischt werden. Einzelbäume am Waldrand sind kein Alibi.

Der Nadelholzanteil von derzeit mehr als zwei Dritteln der Gesamtwaldfläche in der Bundesrepublik Deutschland hat sich gegenüber den natürlichen Verhältnissen in Mitteleuropa mehr als umgekehrt. Entsprechend ihrer geringen natürlichen Verbreitung spielen jedoch Nadelwälder für die meisten Schmetterlinge bei uns keine Rolle. Nur ganze 15 der 255 heimischen Arten von Spinnern und Schwärmern beispielsweise leben als Raupe ganz oder vorwiegend an Nadelbäumen oder von Nadelholzflechten. Und selbst darunter meiden die meisten Vertreter die reinen, gleichaltrigen Fichten- und Kiefernplantagen. Allein die Nonne und der Kiefernspinner sind Freunde der Monokulturen, finden dort optimale Lebensbedingungen und können dann nach Massenvermehrungen (Kalamitäten) zu gefürchteten Forstschädlingen werden. Die übrigen Nadelholzspezialisten aus diesen Falterfamilien, wie etwa der vom Aussterben bedrohte Tannenstreckfuß oder die Glukkenart *Cosmotriche lunigera* finden sich dagegen überwiegend nur in natürlichen oder wenigstens naturnahen Tannen-, Fichten- und Kiefernwäldern. Eben jenen Waldgesellschaften, die ebenfalls bereits weitgehend vernichtet sind, weil sie in Nadelholzforste umgewandelt wurden.

Die dritte Hauptaufgabe des Falterschutzes in fast allen Waldtypen ist es schließlich, den Trend zu gleichaltrigen Waldbeständen mit stark verarmter Kraut- und Strauchschicht zu stoppen und die Forstwirtschaft, die unsere Wälder immer dunkler und falterfeindlicher werden läßt, im wahrsten Wortsinne zur Einsicht zu bringen.

Gut geschichtete Waldbestände, eine große Vielfalt der Baum- und Strauchhöhen, unterschiedlich alte Bäume in engster Nachbarschaft, dazu immer wieder größere Lücken im Laubdach, so daß die Sonne wenigstens stellenweise den Waldboden erreichen kann, das war der Wald der Vergangenheit und das wäre der Wald der Zukunft. Ein Wald für viele Schmetterlinge. Von Vorteil sind daher kleinräumig wechselnde Bedingungen, auch des Bodens, des Licht-, Wärme- und Wasserangebots. Das ist zu erhalten bzw. zu ermöglichen. Dazu kommt die schmetterlingsfreundliche Gestaltung der Waldmäntel.

All dies jedoch bleibt Makulatur, wenn nicht endlich alle erforderlichen (und längst bekannten) politischen, administrativen und technischen Schritte eingeleitet werden, um die Luftverschmutzung drastisch zu reduzieren und damit dem Wald überhaupt eine Chance für die Zukunft zu eröffnen.

WÄRMELIEBENDE WÄLDER UND GEBÜSCHE

An besonders trocken-warmen Standorten vor allem im Südteil der Bundesrepublik Deutschland finden wir insular verbreitet wärmeliebende Waldgesellschaften, die sowohl von ihrem Aufbau her wie auch nach den dort vorherrschenden klimatischen Bedingungen unübersehbare Parallelen zu den Wäldern im Mittelmeerraum und in den Steppengebieten um das Schwarze Meer aufweisen. Dabei handelt es sich um ausgesprochen schutzwürdige Bereiche gerade in puncto Schmetterlinge, weil hier zahlreiche bestandsbedrohte Arten Überlebensinseln gefunden haben. Dazu zählen die Arten der Trockenflächen und die Falter der Über-

gangsbereiche von Wald und Offenland (z. B. Rostbinde, Weißer Waldportier, Flockenblumen-Scheckenfalter), die es gerne warm und trocken haben.

An wechselfeuchten, z. B. durch frühere Waldweide sehr lichten Standorten mit Streuwiesenstruktur (in Mainfranken) treffen wir heute noch auf die hochinteressante Vergesellschaftung der gefährdeten Tagfalter Kleiner Maivogel, Waldwiesenvögelchen, Weißbindiges Wiesenvögelchen und Gelbringfalter: Schmetterlinge in der alten Vielfalt bäuerlicher Forstwirtschaft.

Doch wie fast alle produktionsschwachen Standorte, so wurden auch diese Wälder in jüngerer Zeit in beängstigendem Ausmaß verändert und vernichtet. Oft erlöschen damit wertvolle Falterpopulationen der submediterranen, wärmeliebenden Eichenmischwälder. An sonnenbegünstigten Steilhängen von Rhein, Neckar, Nahe und Mosel und vielen anderen süddeutschen Flüssen mußten sie weithin den Rebkulturen weichen. Die subkontinentalen wärmeliebenden Eichenwälder (wie in ebenen Sommer-Trockengebieten Nordbayerns) wurden für den Obstbau, stellenweise auch für neue Weiden und Äcker gerodet. Die Steppheidewälder wiederum sind vor allem durch Aufforstung mit Schwarzkiefer, durch Verkehrswegebau und Siedlungen, aber auch durch die Eutrophierung (Überdüngung) der Landschaft empfindlich in Mitleidenschaft gezogen worden. Negativ wirkt sich zudem der Fortfall der überkommenen, extensiven Holznutzung aus, da dadurch diese sehr lichten Wälder zuwachsen und damit ungleich schattiger werden.

Der Große Fuchs, auch ein Imaginal-Überwinterer, ist etwas weniger farbenprächtig als sein kleiner Verwandter und nicht so häufig. Seine Raupen leben gesellig auf verschiedenen Laubbäumen, vorzugsweise auf Ulmen.

Der Ulmenzipfelfalter legt seine Eier ausschließlich auf große Ulmen. Die Eier überwintern. Der Ulmenzipfelfalter ist nicht zuletzt wegen des verbreiteten Ulmensterbens stark bedroht. Die Flügelschwänzchen imitieren wie beim Segelfalter täuschend echt das Fühlerpaar.

Der Märzveilchenfalter fliegt in Wäldern und an Waldrändern bis zur Waldgrenze. Die Raupe lebt auf Veilchenarten und überwintert.

Der Gelbringfalter zeichnet sich durch eine ausgesprochen kurze Flugperiode aus. Nur während rund 14 Tagen, um Ende Juni/Anfang Juli kann dieser sehr scheue Falter beobachtet werden. Die Raupe lebt auf verschiedenen Gräsern und überwintert.

Die Eisvögel (im Bild links der Blauschwarze Eisvogel) verdanken ihren Namen der bläulich-weißen Färbung an der Basis der Hinterflügelunterseite.

Soviel zur jüngeren Vergangenheit. Auch die bis in die heutige Zeit verbliebenen Reste der Trockenwälder sind noch keineswegs gesichert. Beständen in potentiellen Weinbergslagen droht die Rebflurbereinigung, anderen Lagen die Aufforstung mit Schwarzkiefern oder mit Douglasien, also auch die Umwandlung in Koniferenforste.

Die traditionell mittel- und niederwaldartig bewirtschafteten Bestände (und das sind ja wesentliche Teile dieser Waldgesellschaften) werden zunehmend nicht mehr in dieser alten, historischen Betriebsform genutzt, sondern ebenfalls in Hochwald umgewandelt. Da heute offensichtlich nur mehr die Holzproduktion zählt und nicht die sonstigen wichtigen Wohlfahrtsfunktionen des Waldes, werden diese Umwandlungen sogar noch amtlicherseits mit erheblichen Geldmitteln gefördert und den Bauern von »Beratern« eingeredet, wie die Vernichtung der Feuchtwiesen.

FALTERSCHUTZ IM TROCKENWALD

Wie immer, wenn es um bedrohte Tiergemeinschaften geht, ist die vordringlichste Aufgabe auch hier der sofortige Schutz der noch vorhandenen Falterbestände durch Sicherung ihrer Lebensstätten. Dies setzt einmal eine gesetzliche Bestandsgarantie der Biotope einschließlich eines ersatzlosen Stopps aller Geldmittel für die Umwandlung solcher Flächen voraus, daneben aber auch eine schonende Bewirtschaftung bzw. gelegentliche Waldpflege. Deren Ziel muß es sein, den sehr lichten Waldaufbau mit freistehenden Einzelbäumen, verstreuten Buschgruppen, eingesprengten Wiesen und Trockenrasenfragmenten zu sichern und damit auch das notwendige warme Kleinklima in den bodennahen Bereichen zu gewährleisten. Erreichen läßt sich dies besonders gut, wenn man die traditionelle Mittel- oder Niederwaldnutzung fortführt.

Im Niederwald, der früher den Bauern vor allem als Brennholzvorrat, als Nutzholzspeicher oder dazu diente, Gerbrinde zu gewinnen, werden parzellenweise im Turnus von 30 bis 60 Jahren

Die Riesenschlupfwespe vermag mit ihrem Geruchsinn tief im Holz lebende Schmetterlingsraupen und Larven anderer Insekten zu orten. Mit ihrem äußerst robusten Legestachel kann sie mehrere Zentimeter tief im Holz lebende Raupen anstechen.

Der Große Waldportier fliegt in trockenen Wäldern in milden Lagen. Die Falter setzen sich mit Vorliebe mit geschlossenen Flügeln an Baumstämme. Die Raupe frißt verschiedene Grasarten und überwintert.

Der Kiefernschwärmer ist einer unserer häufigsten Schwärmer. In Ruhestellung ist der Falter am Stamm perfekt getarnt. Hier ist der Falter beim Blütenbesuch am Seifenkraut, der Schwärmerpflanze. Zufällig hat sich ein Schachbrett diese Seifenkrautblüte als Übernachtungsplatz ausgesucht. Die Raupen des Kiefernschwärmers leben auf Fichte, Kiefer und Lärche. Die Puppe überwintert im Boden.

alle Baumgehölze etwa ab Armdicke in geringer Höhe über dem Boden abgesägt oder abgehackt. Die Verjüngung erfolgt durch Stockausschlag oder Wurzelbrut von Baumarten, die in der Lage sind, sich vegetativ zu vermehren. Besonders gilt dies für Eiche, Hainbuche, Weide, Erle, Linde, Esche, Birke und Ulme.

Der Mittelwald seinerseits entspricht einem Niederwald, bei dem man nicht alles Holz abtreibt, sondern einzelne, wirtschaftlich wertvolle Lichtbaumarten, wie z. B. die Eiche oder die Esche, locker verteilt als »Überhälter« stehen läßt, also beim Abtrieb der niederwaldartigen Bestände ausnimmt. Nieder- und Mittelwald waren jahrhundertelang die typische bäuerliche Waldwirtschaft im »Hart« oder auf der Allmende, stets zurückgedrängt jedoch durch die »Hochwaldpolitik« der privaten (adligen) Großgrundbesitzer, in jüngerer Zeit der staatlichen Forstverwaltungen.

FALTER IM SOMMERWALD: KAMPF UM DEN SONNENFLECK

Mit dem Ausschlagen des Laubes im Mai wird es schattig und kühl im Waldesinneren. Fast alle Tagschmetterlinge verlassen den für sie jetzt unwirtlichen Ort. Die immer üppigere Blütenpracht der Schläge, Waldwiesen und der Waldwege bietet Nektarweide an sonnenwarmen Plätzen. Nur zwei Tagschmetterlinge zieht es ins Waldesinnere: die Weibchen des Zitronenfalters, die ihre Eier ausschließlich im Halbschatten an Faulbaumbüsche legen, sonst aber lichtere Stellen aufsuchen, und das Waldbrettspiel, den einzigen an das Leben im Inneren der Wälder eng angepaßten Tagfalter.

Das Waldbrettspiel wärmt sich in Sonnenflekken auf dem Boden oder dem Laub nicht zu dichter Wälder. Es sind alles Männchen, die ihren Sonnenfleck als Revier besetzt halten und gegen jeden Falter – auch anderer Arten – verteidigen. Natürlich legen Schmetterlinge solche »Kämpfe« friedlich bei: Es gewinnt stets der Platzhalter. Wer zuerst da war, fliegt auf den Neuankömmling los und signalisiert »besetzt«. So sitzt auf jedem Sonnenfleck stets nur ein Männchen allein.

Das Revier zu halten, kostet gerade diese Art besonderen Aufwand: An warmen Sonnentagen ist der Körper des Waldbrettspiels bereits nach wenigen Minuten auf über 34 °C aufgewärmt. Das Männchen muß nun erst einmal den kühleren Schatten aufsuchen. Zwar trifft es auf diesen Flügen mit mehr Weibchen zusammen, als es je in seinem Revier zu sehen bekommt – doch seine Körpertemperatur sinkt dabei rasch. Nach kurzer Zeit sucht es deshalb sein Sonnenrevier erneut auf, denn je »heißer« es ist, desto wendiger und erfolgreicher ist es beim Balzflug.

Die Strategie der Partnerwahl paßt sich stets ein in die strukturellen und mikroklimatischen Gegebenheiten des Biotops. Die Weibchen des Wald-

brettspiels »wissen«, daß die Männchen sich für die Balz aufwärmen, und suchen daher diese Orte gezielt auf. Somit lohnt es sich für ein Männchen, seinen Sonnenfleck zu verteidigen. Auch die Weibchen sonnen sich in der Kronenregion für den Balzflug und ebenso vor der Eiablage. Diese erfolgt an verschiedenen Gräsern, immer jedoch an schattig kühlen, feuchten Plätzen. Nur bei diesem Mikroklima entwickeln sich im Ei überlebensfähige, kräftige Jungräupchen.

Das Waldbrettspiel zeigt eine ausgeprägte geographische Variabilität in der Flügelfärbung. Im Norden seines Verbreitungsgebietes sind die Falter blaßgelb gefleckt, im Süden fast rot. Dazwischen tritt der Falter in allen Farbübergängen auf, d. h. von Norden nach Süden dominiert immer mehr das Rot. Eine solche fließende Merkmalsveränderung wird als »Kline« bezeichnet.

Aber auch die von der Sonne erhitzte Wipfelregion hat ihre eigenen Charakter-Arten: Weißer Waldportier, Großer und Kleiner Schillerfalter sowie diverse Zipfelfalter. Die Schillerfalterweibchen finden oft erst kilometerweit vom Lebensraum der Falter entfernt geeignete Plätze zur Eiablage. Dies sind am Wegrand stehende »Raupenbäume« – einzelne 4–5 m hohe Weiden für den Großen Schillerfalter, verschiedene Pappeln für den Kleinen Schillerfalter. Wichtige Voraussetzung neben Halbschatten und genügend Feuchte ist, daß der Baum nicht gänzlich von anderen Gehölzen umschlossen steht. Und gerade dies wird diesen markanten Faltern in unseren Wäldern zum Verhängnis: Einzelbüsche und -bäume am Wegrand werden heutzutage allzuoft weggepflegt. Zudem gehören gerade die genannten Stämmchen zu den verbiß-gefährdetsten Pflanzen. Der Überbesatz von Rehen in unseren Wäldern hat eben viele, oft noch gar nicht bekannte Folgen.

Das Waldbrettspiel ist einer der häufigsten und verbreitetsten Waldschmetterlinge. Es kommt auch in eher dunklen Wäldern vor, die von den übrigen Tagfaltern gemieden werden. Das Waldbrettspiel fliegt in zwei Generationen und überwintert als einziger Augenfalter als Puppe.

Die Männchen setzen sich gerne auf exponierte, besonnte Zweige, von wo aus sie ihr Revier gut überblicken und gegen Rivalen verteidigen können.

Kaum zu glauben, daß dieses Räupchen in dieser Eischale Platz hatte. Wie die meisten Jungraupen verzehrt auch die Raupe des Waldbrettspiels als erste Nahrung die Eischale.

Die auf verschiedenen Gräsern lebende Raupe ist mit ihren grünen Längsstreifen im Gras gut getarnt.

ZUFLUCHT IN NASSEN OASEN: FALTER IN FEUCHTWÄLDERN

Wo ein erheblicher Wasserüberschuß im Oberboden wenigstens für einige Wochen im Jahr gegeben ist, sei es aufgrund regelmäßiger Überschwemmungen durch unverbaute Fließgewässer oder durch langanhaltende bis ganzjährige Staunässe, dort stocken Au- und Bruchwälder. Von Natur aus sind diese Waldtypen ausgesprochen vielgestaltig, regelrechte Biotopkomplexe. Unterschiedlichste Waldgesellschaften von Bäumen, Sträuchern, Kräutern usw. prägen ihr Aussehen und ihren Charakter, etwa die Weichholz- und Hartholzauen als begleitende Vegetation entlang der Flüsse.

Ein filigran verästeltes Gespinst aus Bächen und Rinnsalen durchzieht die natürlichen Auwälder. Ein dichtes Netz von Altwässern in alten Flußmäandern der Auen und Tümpel in Bodensenken der Brüche bieten der Tierwelt der Stillgewässer eine Existenzchance. Eine reiche Wasservegetation gedeiht an unbeschatteten Uferpartien, und landeinwärts schließen sich Röhrichte und Riede an. Auf kleineren Lichtungen und am oberen Spülsaum der Hochwässer haben Herden von Hochstauden Fuß gefaßt.

Bereits diese Aufzählung so verschiedenartiger Biotope verweist auf die große Schmetterlingsvielfalt dieser Standorte. Viele Arten der Wälder finden sich hier ebenso ein wie Spezialisten der Röhrichte, der Schwimmblattzonen, der Hochstaudenbestände und der Wiesen: eine reiche und bunte Faltergesellschaft unterschiedlicher Herkünfte. Aber nicht nur dieser quantitative Reichtum macht die Feucht- und Naßwälder so wertvoll aus Naturschutzsicht, es sind auch die vielen bestandsbedrohten Arten, die hier ein Refugium gefunden haben: Schilfeulen etwa, deren »Habitate« außerhalb der Auwälder in großem Stil vernichtet wurden, ganz besonders aber jene Biotopspezialisten selbst, die nur oder fast nur in den Resten und Fragmenten dieser Feucht- und Naßwälder zu finden sind. Solche Charakterarten sind unter anderem Pappelglucke, Flechtenbär, Erlenwickler, der Weichholzauen-Zahnspinner, Weidenkahneule, Weidengelbeule, die Spannerarten *Hydrelia testacea, H. flammeolaria, Euchoeca nebulata, Epione repandaria, E. vespertaria* oder die als Raupe in Manier der Bockkäferlarven im Stammesinneren der Weichhölzer wühlenden Weidenbohrer und Ameisen-Glasflügler. Dazu gesellt sich eine größere Anzahl Arten, die vorwiegend in Au-, Bruch- und Moorwäldern auftreten und zum Teil

Die gegenüberliegende Seite zeigt vier Bildpaare von Mutationen, links ist jeweils der Falter mit normaler Zeichnung, rechts die Mutante abgebildet. Von oben nach unten: Kleiner Eisvogel, Märzveilchenfalter, Perlgrasfalter, Kleiner Schillerfalter.

Mutationen sind sprunghafte Veränderungen des Erbgutes. Bei einem Falter kann also plötzlich ein ganz neues Merkmal auftreten, das vererbbar ist und nicht auf äußere Einflüsse zurückgehen muß, es aber kann. Falls das neue Merkmal für einen Falter »positiv« ist, dadurch seine Überlebenschance erhöht wird, weil er z. B. besser getarnt ist, kann sich ein solches Merkmal durchsetzen; andernfalls werden die »Mutanten« durch die natürliche Selektion ausgemerzt. Den Mutationen wird deshalb eine große Bedeutung bei der Entstehung neuer Arten zugemessen. In der Regel ereignen sich Mutationen spontan, sie treten aber mit einer bestimmten statistischen Häufigkeit auf. Es wurde nachgewiesen, daß die Häufigkeit proportional zur radioaktiven Strahlendosis zunimmt! Dank der kurzen Generationenfolge der Schmetterlinge kann sich ein positives Merkmal in relativ kurzer Zeit bei zahlreichen Faltern einer Population manifestieren und wird damit für uns feststellbar. Die Schmetterlinge könnten sich also unter Umständen als Indikatoren für eine erhöhte Strahlenbelastung in einer bestimmten Gegend erweisen. Zumindest wenn sich in der betreffenden Region bei mehreren Arten Mutationen häufen, dürfte das ein Indiz für eine erhöhte Strahlenbelastung sein. Da bei den Schmetterlingen äußerliche Veränderungen besonders leicht feststellbar sind, eignen sie sich für diesbezügliche Beobachtungen besonders gut.

Der Taubergießen umfaßt eine noch weitgehend intakte Auwaldlandschaft.

äußerst bedroht sind. Einige Beispiele nur: Bruchweidenkarmin, Schwarzes Ordensband, Erlengehölz-Rindeneule, Bunter Espen-Frühlingsspanner, Dahls Moorheideneule.

Die Situation vieler dieser Arten ist angespannt bis ernst, vielfach sogar ausgesprochen kritisch. Zwar werden auch die Au- und Bruchwälder, wie praktisch alle Lebensräume mit hochanstehender Nässe und Feuchtigkeit, in Mitteleuropa in großem Stil vernichtet, sei es durch Fluß- und Bachbegradigungen, Dammbauten, Stauhaltungen und sonstige Fließgewässerregulierungen oder durch großflächige Entwässerungsprogramme. Und viele Falter dieser Waldtypen mußten wegen massiver Bestandsrückgänge in die Rote Liste aufgenommen werden, so der Erlen- und der Ameisen-Glasflügler.

FALTERSCHUTZ IN FEUCHT- UND NASSWÄLDERN

Vordringlich ist – auch für den Naturschutz überhaupt – die bleibende Sicherung aller größeren Bestandsreste dieser Waldtypen und ihres speziellen Charakters. Auwälder sind gekennzeichnet durch die starken natürlichen und zyklischen Wasserstandsschwankungen der Fließgewässer und – zumindest für die Weichholzauen – regelmäßige Überschwemmungen im Frühjahr; Sumpf- und Bruchwälder charakterisieren ein für längere Zeit im Jahr hoher Grund- oder Stauwasserstand, möglichst auch eine lange Überstauung mit Wasser, zumindest nach der Schneeschmelze im Frühjahr.

Ein großer Vorteil für das »Management« dieser Waldtypen ist, daß sie sich von selbst ansiedeln können, wo man nur geeigneten Raum zur Verfügung stellt, die eben genannten ökologischen Kräfte wirken läßt und die Gehölz-Sukzession nicht behindert. Bei etwas gutem Willen ist dies im kleinen selbst noch an bereits kanalisierten Gewäs-

Das Landkärtchen verdankt seinen Namen seiner Flügelunterseite, die tatsächlich wie eine Landkarte aussieht. Das Bild links zeigt die Unterseite der Frühjahrsform.
Das Landkärtchen fliegt in zwei Generationen, deren Falter in zwei völlig verschiedenen Farbkleidern auftreten. Die Falter der Frühlingsgeneration, sie fliegen ab April, sind gelborange, ihre Nachkommen im August sind schwarz gefärbt. Dieses Phänomen wird als Saisondimorphismus bezeichnet. Eine weitere Besonderheit dieses Falters ist die Art der Eiablage. Das Landkärtchenweibchen hat die Eigenart, die Eier in Form von Türmchen an die Blattunterseite der Brennessel zu kleben. Das Landkärtchen bevorzugt zur Ablage Brennesselbüsche an halbschattigen Standorten, gerne in lichten Wäldern. Die Puppen der zweiten Generation überwintern. Das Landkärtchen gehört zu den ganz wenigen Faltern, die ihr Verbreitungsgebiet in den letzten Jahrzehnten erweitern konnten.

Das Blaue Ordensband ist recht selten. Es fliegt in lichten Altholzbeständen mit Pappeln, Weiden und Eschen, den bevorzugten Raupenfutterpflanzen.

Der Maivogel, ein Bewohner lichter Laubwälder, durchläuft eine besonders interessante Entwicklung. Das Weibchen klebt die Eier in Häufchen an die Unterseite von Escheblättern. Bis zur Überwinterung leben die Raupen monophag, d. h. ausschließlich auf Esche, gemeinsam in einem Gespinst. Zur Überwinterung verkriechen sich die Raupen am Boden unter dürrem Laub, meist ein paar Raupen zusammen. Im nächsten Frühling fressen die Raupen einzeln auf ganz verschiedenen Pflanzen, von Wegerich über Salweide und Zitterpappel bis zu Geißblatt. Die Raupen vollziehen also während ihrer Entwicklung einen Futterwechsel, was unter Schmetterlingen sehr selten vorkommt.

sern möglich. Dazu sind in bestehende Dämme (wenigstens streckenweise) Überlaufdämme und Heberleitungen einzubringen. Der Platz hinter den Dammbauten sollte aber nicht zu klein ausfallen, da natürliche Auwälder ein Biotopmosaik darstellen, das selbstredend nicht auf stark beengtem Raum anzusiedeln ist. Die Vielfalt der »Habitate«, der »ökologischen Nischen« dort bietet Chancen für mehr Falter.

Oft sind die natürlichen Bruch- und Auwälder von Kulturen aus Pappeln oder sonstigen Baumarten abgelöst worden. Dort sollte unbedingt die naturgemäße Baumvegetation auf möglichst großen Flächenanteilen in ihrer abwechslungsreichen Struktur und Artenzusammensetzung wiederhergestellt werden. Nur so kann auch mit einer Rückkehr der bunten und artenreichen Tiergemeinschaften der Feuchtwälder in ihre früheren Siedlungsgebiete gerechnet werden.

GROSSER EISVOGEL: DIE RAUPE ALS HÄUSCHENBAUER

Mit einer Flügelspannweite von rund zehn Zentimetern ist der Große Eisvogel unser größter Tagfalter, und mit seiner wunderbaren Flügelzeichnung zählt er zweifellos zu den attraktivsten und auffallendsten heimischen Schmetterlingen. Durch seine seltsame Lebensweise entzieht er sich jedoch den Blicken der meisten Beobachter. Den Namen Eisvogel verdankt er der grünlichblauen Zeichnung am Innenrand der Hinterflügelunterseite.

Der Große Eisvogel ist ein typischer Waldschmetterling, ein Bewohner lichter Misch- und Auwälder mit Zitterpappel, der Futterpflanze der Eisvogelraupe. Der Falter setzt sich zur Nahrungsaufnahme nie auf Blüten. Auf seinem Speisezettel stehen Aas, Kot und andere für uns übelriechende Stoffe. Nur die Männchen kommen in den Vormittagsstunden aus ihrer Heimat, den Baumkronen, herab auf den Erdboden bzw. auf Waldwege, um sich an Tierkadavern und dergleichen gütlich zu tun.

Der Große Eisvogel fliegt im Juni und Juli. Nach der Paarung klebt das Weibchen die Eier einzeln auf den Blattrand nicht allzu großer Zitterpappeln. Das Jungräupchen frißt zuerst die Blattspitze beidseits der Mittelrippe des Espenblattes. Die Mittelrippe läßt es stehen, ja – und dies ist das Verblüffendste – es verlängert die Mittelrippe des Blattes mittels der zerkauten Blattsubstanz. Damit erweckt die Raupe den Eindruck, als hätte sie ein viel größeres Stück Blatt gefressen, als sie es wirklich tat. Eine mögliche Erklärung für dieses

BLÜTEN IM AUWALD: MANCHE LIEBEN NUR NACHTFALTER

Im Biotopmosaik der Auwälder fühlen sich viele Schmetterlinge heimisch in der Vielfalt der Kräuter oder der Hochstaudengesellschaften an Altwasserarmen. Da leben an Brennesseln etwa die Raupen vieler Nesselfalter, am Labkraut entwickeln sich die Larven des Weinschwärmers und vieler Spannerarten. Über diesen blütenbunten Staudensaum erhebt sich ein »natürlicher Waldrand« mit seinen Gehölzen und Lianen: Der nächtliche Duft des Ligusters lockt Eulen, Schwärmer und Spanner, doch bietet er – wie auch Schlehe, Weißdorn und Faulbaum – nicht nur den Nachtfaltern Nektar, diese Büsche werden auch von Tagschmetterlingen gern besucht.

Einige Blüten sind jedoch den Nachtfaltern vorbehalten und werden nur durch diese erfolgreich bestäubt: Weiße Lichtnelke, Nickendes Leimkraut, Taubenkropf, Nachtkerze, Geißblatt. Nachtfalter erkennen ihre Blüten am Duft.

Die kennzeichnenden Eigenheiten der Nachtfalterblumen lassen sich typisieren: Sie duften nur nachts und bilden nur nachts Nektar. Dadurch werden tagfliegende Tiere vom Blütenbesuch ausgeschlossen (die Blüten der Leimkraut- und Nachtkerzenarten öffnen ihre Blüten erst gegen Abend und sind nach ein bis zwei Nächten schon verblüht); Nachtfalterblumen haben Parfümblüten, deren schwerer Duft die Falter von weither lockt. In der Nähe erkennen die Schmetterlinge die Blüten visuell: Nachtfalterblumen blühen meist weiß. Ihre Blütenröhren sind eng und lang; allein die Nachtfalter mit ihren langen Rüsseln gelangen so an den Nektar.

Über dem Hochstaudensaum des Ufers zieht sich hoch ins Geäst hinauf das Lianengeschling der Waldrebe, von deren Laub eine Großzahl Spannerraupen lebt. Unter ihnen *Cidaria procellata* und *Horisme tersata*, deren Imagines nachts in zeitweise unvorstellbarer Anzahl im Walde fliegen. Kein Wunder, daß entlang dieses »Auwald-Dschungels« die Fledermäuse reiche Beute machen. Wasserfledermäuse etwa lassen sich im letzten Tageslicht noch beobachten, wie sie Mücken, Eintagsfliegen, Köcherfliegen und Schmetterlinge jagen.

Der C-Falter verdankt seinen Namen dem kleinen weißen C auf der Flügelunterseite. Er macht zwei Generationen pro Jahr, die etwas unterschiedlich gefärbt sind. Die überwinternden Falter haben eine fast schwarze Unterseite. Die immer einzeln lebenden Raupen fressen vorzugsweise auf Brennesseln, selten auf Hopfen oder Hasel.

erstaunliche Verhalten ist, daß die Raupe ihre natürlichen Feinde, insbesondere die Vögel, täuschen möchte. Die Vögel haben aus Erfahrung gelernt, daß ein großes Loch in einem Blatt eine große Raupe erwarten läßt. Das Auge des Vogels ist beim Anblick eines von der Eisvogelraupe befressenen Espenblattes sozusagen auf eine große Raupe programmiert und übersieht dadurch das sehr kleine Jungräupchen, das in Wirklichkeit bisher fast nichts gefressen hat.

Der Große Eisvogel überwintert wie die Mehrheit der Tagfalter als Raupe. Als Schutz baut sich die Eisvogelraupe ein regelrechtes Häuschen, ein Hibernarium. Aus einem Espenblatt wird ein etwa fingernagelgroßes Blattstück herausgenagt, an das Ästchen angesponnen und mittels Spinnfäden zu einer Tüte zusammengezogen. In dieser Tüte verbringt die Eisvogelraupe die Wintermonate. Einzelne Raupen haben gelernt, daß sich das Winterhäuschen auch einfacher bauen läßt. Sie trennen den Großteil des Zitterpappelblattes ab und verfertigen aus dem Rest des Blattes eine Tüte, nicht ohne vorher den Blattstiel am Ästchen festgesponnen zu haben, damit das Blatt im Herbst nicht mit den übrigen dürren Blättern zu Boden fällt. Ob in ein paar hundert Jahren alle Eisvogelraupen ihr Winterhäuschen auf diese einfachere Art bauen werden? Der Kleine und der Blauschwarze Eisvogel bauen ihr Hibernarium schon heute ausschließlich nach diesem verkürzten Verfahren.

Im Frühling mit dem Blattaustrieb verläßt die Raupe ihr Hibernarium und macht sich über die frischen Espenblätter her. Nach etwa drei Wochen ist die Raupe erwachsen und verpuppt sich kopfabwärts zu einer Stürzpuppe, aus der nach weiteren zwei Wochen der Falter schlüpft.

Schon in früheren Zeiten bekamen den Großen Eisvogel wegen seiner unauffälligen Lebensweise nur wenige Menschen zu Gesicht. Heute gehört er zu den ganz großen Raritäten, und es braucht sehr viel Glück, um überhaupt einen dieser prächtigen Falter zu entdecken. Denn sein Lebensraum, große intakte Auwälder, wurde weitestgehend zerstört, durch Überbauung (z.B. Autobahnen) und durch Abholzen der ursprünglichen Vegetation und Wiederaufforstung mit Fichtenmonokulturen.

Eine weitere, relativ neue Gefahr für den Großen Eisvogel bildet die Anpflanzung Kanadischer Hybridpappeln. Deren Blätter sind wesentlich dikker als jene unserer Espen, so daß die Jungräupchen nicht mehr in der Lage sind, den Blattrand anzunagen, und infolgedessen verhungern müssen. Das gleiche Schicksal erleiden auch die Jungraupen des Kleinen Schillerfalters, doch legen die Weibchen des Kleinen Schillerfalters die Eier glücklicherweise nicht nur auf Pappeln, sondern auch auf Weiden; der Kleine Schillerfalter kann sich durch »Anpassung« bzw. Selektion wahrscheinlich vor dieser neuen Gefahr retten, d.h. es überleben nur noch die Raupen auf Weiden, und die Falterweibchen der Folgegenerationen verlieren mit der Zeit den »Geschmack« an Pappeln als Eiablagepflanzen.

Die Schilderung des Dichters und Schmetterlingsforschers Friedrich Schnack aus der Jahrhundertwende mag daher heute fast unglaublich klingen: »Ich begegnete den Eisvögeln, sagte Leander, als ich, von einem altertümlichen Städtchen herwandernd, die Jurahöhen hinaufstieg. Es war auf einer steilen Bergstraße in schläfriger Luft. Die Sonne brütete auf den Kalkhängen und glühte im weißen Staub, den ein knarrendes Bauerngefährt vor mir langsam mahlte. Es hatte Mehl, Wein und

Der Häuschenbau des Eisvogels:

Das Ei wird immer auf den Blattrand eines Espenblattes geklebt. Das Jungräupchen frißt zuerst die Blattspitze beiderseits der Mittelrippe. Die Mittelrippe selbst läßt es stehen, ja nicht nur das, es verlängert die Rippe mittels zerkauter Blattsubstanz. Dieses Espenblatt diente zweimal als Eiablageplatz, so daß sich eine Raupe mit einer Seitenrippe des Blattes begnügen mußte. Der helle Punkt am Blattrand markiert die Eiablagestelle. Zur Überwinterung baut sich die Eisvogelraupe ein Häuschen, ein sogenanntes Hibernarium. Aus einem Espenblatt wird ein fingernagelgroßes Stück herausgesägt, an ein Ästchen angesponnen und zu einer Tüte geformt. Im Hibernarium verbringt die Eisvogelraupe die Wintermonate. Diese Raupe baute ihr Haus im Kurzverfahren. Sie schnitt den Großteil des Espenblattes ab und machte aus dem Rest des Blattes eine Tüte, nachdem sie den Blattstiel am Ästchen angesponnen hatte, damit das Haus im Herbst nicht herunterfällt. Die ausgewachsene Raupe mißt rund vier Zentimeter. Der Eisvogel verpuppt sich als Stürzpuppe, d.h. kopfabwärts. Die alte Raupenhaut bleibt oft hängen, deutlich sichtbar sind der Kopf und die Vorderfüße der Raupenhaut.

Ein Eisvogelpärchen hat sich auf einem Stein am Bachufer niedergelassen. Das Weibchen hat die Flügel geöffnet.

Stelldichein: zwei Große Eisvögel und ein Großer Schillerfalter.

Die Raupe des Blauschwarzen und des Kleinen Eisvogels, im Bild, baut ihr Winterhäuschen immer im »Kurzverfahren«, d.h. der Großteil des Blattes wird abgetrennt und der Blattrest zu einer Tüte versponnen.
Damit das Winterhäuschen (Hibernarium) im Herbst nicht hinunterfällt, wird der Blattstiel am Ästchen festgesponnen.
Die weißen »Raupeneier« sind die Kokons der Schlupfwespen, die sich als Larven in der Eisvogelraupe entwickelten.

Die Spanische Fahne (rechte Seite oben) tummelt sich meist an feuchten, aber milden Stellen. Die Raupen fressen an Beinwell, Himbeere und Hasel.

Der Kleine Eisvogel ist in lichten Mischwäldern (rechte Seite: eine Ansammlung auf einem Waldweg) häufig.

Ziegelsteine geladen, eine schwere Last, die den Pferden Mühe machte. Sie schwitzten und rackerten sich ab. Der Fuhrmann wetterte und hielt die Zügel fest, denn die Gäule waren plötzlich unruhig geworden, peitschten mit den Schweifen aufgeregt ihre Leiber und schüttelten die Köpfe. Was hatten sie nur? Der Fuhrmann rief mir zu, als ich neben dem Hinterrad des Wagens ging: Die verwünschten Schmetterlinge! Wahrhaftig: Ein Schwarm durstiger Eisvögel hatte die Pferde überfallen, den tierischen Schweiß von der Haut zu saugen. ›Tun Sie ihnen nichts,‹ bat ich, als er die Peitsche hob, ›harmlose Falter.‹ Er nickte und ließ die Peitsche sinken. Wiederholt schon, sagte er, seien sie hinter den Gäulen her gewesen.

Die Zugtiere waren dicht bedrängt, verfolgt und belagert von dem flatternden Schwarm. Ein großartiges Bild. Eine erstaunliche Menge der Falter hatte den Rücken der Gäule bedeckt, förmlich mit einer breiten, zerschlissenen Schabracke, wunderlich gewoben, und bestickt mit grundgrünen, tongelben, weißfleckigen Schmetterlingszeichnungen. Die Eisvögel schwankten und taten die Flügel zusammen, umgaukelten die gespitzten Pferdeohren und ließen sich nicht vertreiben. Und so als Fabelgefährt schnaubten die Gäule und knarrte der Wagen über die heißen Berge.«

KAISERMANTEL: LIEBESSPIELE AUF DER WALDWIESE

Die Heimat des Kaisermantels sind von Wald umschlossene Wiesen in Bachtälchen. In den waldarmen Ebenen ist er bereits stark dezimiert worden. In der Hügellandschaft und in den Mittelgebirgen wird er zunehmend Opfer der Aufforstung solcher kaum noch genutzter Wiesen im Wald.

Die Falter übernachten in den Baumwipfeln und fliegen schon früh am Morgen herab, um sich zu sonnen – mit Vorliebe auf Brombeerblüten, den Dolden von Engelwurz und Bärklau, aber auch auf den Körbchenblüten von Wasserdost und auf verschiedenen Disteln.

Ist es ihnen warm genug, begeben sich die Männchen aktiv auf Weibchensuche. Sie flattern und kreisen um Blütengruppen, fliegen in charakteristischen Zickzacklinien an Gebüschen, am Waldrand oder einem Waldweg entlang. Aus der Ferne erkennen sie die Weibchen rein optisch. Flieht das Weibchen zunächst nicht, sondern läßt sich umflattern, dann ist es bereit zur Paarung. Gleich darauf jedoch streicht es in geradlinigem, charakteristisch schwirrendem Flug davon. Das ist der Auslöser für die eigentliche Balz. Das Männchen taucht unter dem Weibchen durch, überholt es, steigt lockend knapp vor ihm hoch, läßt das Weibchen dann aber wieder vorbei und vorausfliegen.

Das schön zu beobachtende Spiel in der Luft kann sich oft wiederholen, bevor die Balz festeren Grund sucht: Das Weibchen setzt sich auf eine Blüte oder ein Blatt und läßt sich vom Männchen umflattern, das jetzt eine Wolke sexuell stimulierender Düfte um die Gesellin verbreitet. Diese »Pheromone« werden aus Reihen von Duftschuppen auf den Vorderflügeln freigesetzt. Erst mal ein-

genebelt, besinnt sich das Männchen und macht eine Verneigung vor der Partnerin. Dabei klappt es seine Vorderflügel auf und zu und fächelt erneut mit Duftstoffen. Stupst es dann das Weibchen von der Seite her an und streift mit den Fühlern über dessen Kopf, dann ist dieses erregt genug. Das Männchen spreizt seinen »Penis«, der wie eine kompliziert gebaute kleine Zange in das Kopulationsorgan des Weibchens greift.

Die ebenso faszinierende wie komplizierte Sexualvorbereitung ist eine effektive Partnerwahl. Der Biologe spricht von »Arterkennungsmechanismen«, welche eine nur unnötig Energie verschwendende Balz mit Faltern anderer Arten verhindert.

Beim Kaisermantel sind dies im einzelnen:

a) die arteigene Flugbalz;

b) der arteigene Duft, den der Partner akzeptieren muß;

c) die arteigene Bodenbalz;

d) die zusammenpassenden Kopulationsapparate (Schlüssel-Schloß-Prinzip).

Das letzte Kriterium finden wir bei praktisch allen Faltern!

Wissenschaftler können daher sogar einander sehr ähnliche Arten anhand des Genitalapparates unterscheiden. Auch der Duft ist für sehr viele Arten entscheidend: Die meisten Tagfalter erkennen sich so aus der Nähe, die Nachtfalterweibchen dagegen locken damit ihre Verehrer über große Distanzen an. Sie selbst sitzen sicher und flugfaul »zu Hause« und verströmen Pheromone aus ihren Hinterleibsdrüsen. Das Risiko, etwa von einer Fledermaus gefressen zu werden, überlassen sie den Männchen. Auch die Nachtfalter haben ihre eigenen Liebesspiele, mit wieder anderen Duftstoffen. Viele Männchen verfügen dafür über große goldfarbene Büschel von Duftschuppen am Ende des Hinterleibs.

Die Eiablage der Kaisermantelweibchen ist eine der interessantesten Verhaltensweisen der Schmetterlinge überhaupt. Der Lebensraum der Kaisermantelraupen ist der Wald. Daher verlassen die Weibchen vor der Eiablage ihren Waldweg oder ihre Waldwiese. Sie suchen die Wipfelregion der Bäume auf, wo sie sich sonnen und für die Eiablage drunten im kühlen Waldesinnern Energien tanken. Sind sie bereit, gleiten sie hinab in einen Sonnenfleck, wärmen sich dort nochmals auf und beginnen dann, zu Fuß über die Kräuter zu wandern, die sie mit ihren zu Putzpfoten umgewandelten Vorderbeinen deutlich hörbar betrommeln.

Die Vorderbeine tragen chemische Sinnesorgane, mit denen das Tier den Geschmack einer Pflanze prüfen und damit erkennen kann. Das ist wichtig, denn nur die Blätter der Veilchen lösen die Eiablage aus. Das Weibchen jedoch bleibt nicht dort, sondern fliegt zum nächsten großen Baumstamm und legt die Eier in die Rindenritzen des Stamms bis hoch zur Krone. Die Räupchen, die recht bald schlüpfen und sich nach einer ersten Stärkung an der eigenen Eischale gleich zur Überwinterung einspinnen, müssen im Frühjahr den langen Marsch wieder den Stamm hinab antreten. Eine große Leistung für ein nur millimeterkleines Räupchen. Und ein beschwerlicher Weg über den Waldboden, bis endlich die Veilchen als Futterpflanze wiedergefunden sind!

WALDRAND: IM MANTEL STECKT DAS LEBEN

Wo der Wald an baumfreie Flächen, an Wiesen und Felder grenzt, bildet er natürlicherweise einen Waldmantel aus. Zu dessen Füßen findet sich, wenn ihn der Mensch nicht gewaltsam ausradiert hat, ein mehr oder weniger breiter Saum krautiger Pflanzen, hoher Stauden vor allem. Während im Waldesinneren ein relativ ausgeglichenes Binnenklima herrscht, wird am Waldrand deutlich das Offenlandklima spürbar, gekennzeichnet von großen Temperatursprüngen, starker Aufheizung zur Mittagszeit und rascher Abkühlung in der Nacht. Entsprechend unterscheiden sich Waldmäntel in ihrer Struktur, in der Zusammensetzung der Pflanzenarten und in kleinklimatischer Hinsicht erheblich vom Inneren geschlossener Waldungen, und logischerweise werden sie deshalb teilweise von ganz anderen Schmetterlingsarten bewohnt als der geschlossene Hochwald.

Auch die inneren Grenzlinien der Hochwälder, die Waldwiesen und breiten Schneisen, ebenso breitere Wege und Holzlagerplätze, ähneln ökologisch den äußeren Waldmänteln und beherbergen meist dieselben Falter. Eine Kennart für solche Biotope ist der Gelbringfalter.

Die ökologische Gruppe der Waldrandfalter ist recht artenreich, umfaßt 19 von 177 Tagfaltern, vom Faulbaumbläuling bis hin zum Schwarzen Apollo, und ein knappes Viertel aller heimischen Spinner- und Schwärmerarten, vom Adlerfarn-Wurzelbohrer bis hin zum Hummelschwärmer.

Freilich ist aus der Schmetterlingsperspektive nicht jeder Waldmantel gleich gut geeignet: So treffen wir an den kühleren und feuchteren Nordrändern der Wälder auf teilweise ganz andere Falter als an den Südrändern mit ihrem eher trockenwarmen Kleinklima. Entscheidend ist zudem der Blütenreichtum der Säume und der angrenzenden Biotope der Felder.

Generell sind es die schön sonnigen und windgeschützten Bereiche, die die Mehrzahl der Falter hier bevorzugt. Damit richtet sich auch hier das Hauptaugenmerk im Schmetterlingsschutz zwangsläufig auf diese nach Südwest bis Südost exponierten Waldränder. Gerade dort muß den Faltern und ihren Raupenfutterpflanzen ein möglichst großer Freiraum eingeräumt werden, der Waldrand von intensiver Landwirtschaft und Aufforstung verschont bleiben. Optimal ist es, wenn Waldmäntel mehrstufig aus Büschen und unterschiedlich hohen Bäumen aufgebaut und die Übergänge zum Offenland fließend sind.

Kahlschläge mit Disteln und Doldenblütlern werden vom Kaisermantel gerne aufgesucht. Die Männchen (Bild oben) unterscheiden sich von den Weibchen durch breitere schwarze Flügeladern, den Duftschuppenflecken auf den Vorderflügeln. Nur die Weibchen treten gelegentlich in einer grüngrauen Farbvariante auf. Es handelt sich dabei um ein geschlechtsgekoppeltes Merkmal, analog der Bluterkrankheit beim Menschen – bei den Schmetterlingen sind die Weibchen Träger des Y-Chromosoms.

Außerdem sollte die Nahtlinie zur baumfreien Nachbarschaft möglichst reich gegliedert sein und sehr unregelmäßig verlaufen, mit sternförmig vorspringenden Busch- oder Baumgruppen in kurzen Abständen. Dringend erwünscht sind schließlich Staudensäume, die gar nicht breit genug sein können, soweit sich feldwärts nicht ohnehin blütenreiche Magerwiesen anschließen. Viele Falter der Waldsäume fliegen recht weit umher.

Gerade diese vielfältig gestuften und breiten Saumbereiche mußten jedoch in der Vergangenheit empfindliche Einbußen hinnehmen. Sei es, weil man die Grenzen zwischen Wald und Feld »bereinigte« und die Agrarproduktion bis hart an die Waldkante vortrieb oder weil man die Fläche der Holzproduktion durch Aufforstung auch der Buchten und Bestandslücken begradigte.

Wann immer die Möglichkeit besteht, Einfluß auf die Ausprägung der Waldmäntel zu nehmen, so sollte neben den bisher genannten Gesichtspunkten unbedingt auch auf sehr unregelmäßiges Boden- und Vegetationsprofil in kleinflächigem Wechsel geachtet werden. So wird die Standortvielfalt bereichert – der Artenreichtum bei den Schmetterlingen ist der Lohn.

Stets sollte jedoch die Ansiedlung der Saumgehölze dem natürlichen Kräftespiel überlassen werden, das für eine Auslese standorttypischer Pflanzen sorgt. Kleinere steuernde Maßnahmen (etwa die Beseitigung eines zu mächtigen Baumes) stehen dem allerdings nicht im Wege. Die dem Waldrand vorgelagerten Wiesen sind zu extensivieren und möglichst nur einmal, ab Anfang bis Mitte September, zu mähen. Säume von Hochstauden, die den Waldrand begleiten, dürfen dagegen nicht oder höchstens abschnittsweise alle paar Jahre eingemäht werden, weil viele dieser Stauden ausgesprochen schnittempfindlich sind.

Neben den Faltern der warmen Säume und Mäntel gibt es einige Schmetterlinge, die ihr klimatisches Optimum in den schattigen, kühlfeuchteren Nordrändern des Waldes finden. Dazu zählen in unseren Breiten beispielsweise der Große Schillerfalter und der Trauermantel (in Norddeutschland ist letzterer aber charakteristisch für die Birkenwege der Heiden). So wählt dieser Schillerfalter zur Eiablage vorzugsweise Salweiden an der kühl-schattigen Seite des Waldes, aber auch an schmalen Waldwegen (am liebsten vor hohen Laubbäumen, insbesondere Eichen), während der Trauermantel Salweiden und Schmalblattweiden bevorzugt, wenn sie wenigstens teilweise aus dem Waldmantel vorstehen. Gerade diese exponierten Weichhölzer entfernt jedoch der Forstmann bevorzugt bei den »Reinigungshieben«. Daneben sind diese Büsche verbißgefährdet, leiden unter der viel zu hohen Dichte von Reh- und Rotwild in unseren Wäldern, die künstlich (Winterfütterung u. ä.) hochgehalten wird.

TRAUERMANTEL: DER PASSENDE BAUM WIRD ABGEMESSEN

Der Trauermantel hat keinerlei Ähnlichkeit mit verwandten Schmetterlingen und ist selbst im Flug leicht von allen andern Faltern zu unterscheiden. Beide Geschlechter sind gleich gefärbt.

Der Trauermantel gehört zu den seltenen Schmetterlingen bei uns, die als Falter überwintern. Bevorzugte Plätze für den Winterschlaf sind hohle Bäume, Holzstöße, kleine Erdhöhlen usw. Zusammen mit den anderen überwinternden Tagfaltern wie Zitronenfalter, Fuchs und Tagpfauenauge gehört der Trauermantel zu den ersten Frühlingsboten. Zu dieser Jahreszeit ist der in weiten Gegenden sehr selten gewordene Trauermantel noch am leichtesten zu beobachten, wie er sich sonnt oder am Stamm blutender Birken trinkt.

Der Trauermantel besiedelt die ganze nördliche Hemisphäre und besitzt damit eines der größten Verbreitungsgebiete aller Schmetterlinge. Er fliegt vorwiegend in lichten Laubwäldern des Flachlandes, aber auch in schluchtenreichen Tälern mit lokkerem Baumbestand. Der Falter wird sehr selten beim Blütenbesuch angetroffen; in der Regel ernährt er sich von Baumsäften und im Herbst gerne von faulenden Früchten.

Im März paaren sich die Falter. Die Futterpflanzen der Trauermantelraupen sind Weiden und Birken, selten Pappeln oder Ulmen; eindeutig bevorzugt wird die Salweide. Zur Eiablage werden vom Weibchen fast immer freistehende Bäume aufgesucht. Verblüffend ist, wie das Trauermantelweibchen jeweils den zur Ablage geeigneten Baum auswählt: Entscheidet sich der Falter für eine Salweide, ist die Weide selten höher als zwei bis drei Meter, so daß das Futter gerade ausreicht, um im besten Fall alle rund 200 Raupen zu ernähren. Fällt die Wahl auf eine Birke, so mißt diese mindestens fünf bis sieben Meter. Das Blattwerk einer nur mannshohen Birke würde im Gegensatz zur Salweide nicht ausreichen, alle Raupen eines Geleges zu ernähren!

Die ovalen Eier mit acht Längsrippen werden nicht einzeln, sondern als Gelege von je 150 bis 250 Stück ringförmig um junge, etwa bleistiftdicke Asttriebe geklebt. Jedes Weibchen plaziert zwei bis drei Gelege, wozu es sich sehr viel Zeit läßt. Zwischen zwei Eiablagen können mehrere Wochen vergehen, so daß bis Mitte Juni frische Eigelege gefunden werden können.

Auch die Raupenentwicklung selbst verläuft im Vergleich mit anderen Schmetterlingen sehr langsam. Erst nach etwa 20 Tagen schlüpfen die Jung-

Ein frisch geschlüpfter Trauermantel sonnt sich auf einem Stamm (ganz links).

Bis zur Verpuppung leben die Trauermantelraupen gesellig. Nur die Blattrippen der Salweide lassen die Raupen stehen.

Zwei Trauermäntel trinken an einer blutenden Birke (oben).

Ein Schmetterlingsgreis ist dieses über einjährige Tier.

Aus diesem leeren Eigelege sind nicht nur Jungräupchen geschlüpft. Die drei dunklen Eier mit kleinem Loch waren von einer Schlupfwespe angestochen worden.

Diese Trauermantelraupe ist von Eiern einer Fliege belegt, deren Larven sich in der lebenden Trauermantelraupe entwickeln.

Die so befallene Raupe kann sich oftmals noch verpuppen. Doch schlüpfen aus der Puppe Larven bzw. Maden.

Warnung und Tarnung als Überlebensstrategie:

Die Trickkiste der Schmetterlinge, sich vor Feinden zu schützen, ist fast unerschöpflich. So gibt es Falter und Raupen mit perfekten Tarnkleidern, andere imitieren ganze Pflanzenteile oder sogar giftige Vorbilder.

Das Abendpfauenauge (linke Seite) ist in Ruhestellung auf der Rinde kaum auszumachen. Bei einer Störung schlägt der Schwärmer das vordere Flügelpaar nach vorne und macht so auf den Hinterflügeln das auffällige Augenpaar sichtbar, das Angreifer schrecken soll.

Die Orioneule besitzt die gleiche Zeichnung wie die Flechte an diesem Baumstamm.

Die Raupe der Kupferglucke verschmilzt sozusagen mit dem Ast, auf dem sie sitzt.

Die Kupferglucke als Falter imitiert in Form und Farbe ein dürres Blatt, die Spannerraupe ein dürres Ästchen.
Diese sogenannte Mimese ist unter Schmetterlingen sehr verbreitet: Der Mondfleck imitiert ein dürres Stück Holz, die Puppe des Fliederspanners ein dürres Blatt.

Eine Stufe weiter noch gehen der Hornissenglasflügler und die Raupe der Erleneule. Beide sind völlig harmlos und imitieren mit ihrer schwarz-gelben Zeichnung lediglich gefährliche Vorbilder – sie bluffen. Dafür prägte man den Begriff Mimikry.

räupchen. Die Raupen leben bis zur Verpuppung gesellig. Sofort nach dem Schlüpfen beginnen die Jungräupchen auf einem Blatt ein Gespinst zu weben, auf dem sich alle Räupchen versammeln. Bei Fraßpausen kehren die Raupen jeweils auf das Gespinst zurück, und auch die Häutung erfolgt jeweils auf einem Gespinstpolster, dessen Platz in den nächsten Wochen mehrmals wechselt. Werden die Raupen gestört, richten sie sich mit ihrem Vorderteil auf und schlagen alle im Takt aus. Das Raupenstadium dauert rund sechs Wochen. Dann trennen sich die Raupen und suchen einzeln, nicht selten weit weg von der Futterpflanze, einen geeigneten Ort zur Verpuppung. Die Raupe spinnt sich an ihrem Hinterende fest und verpuppt sich kopfabwärts zu einer Stürzpuppe, die nach einer Puppenruhe von drei bis vier Wochen den Falter entläßt.

Der Trauermantel lebt bis zur Überwinterung sehr unauffällig. Der Falter hält sich gut versteckt, ist kaum je zu sehen. Überwinterte Falter fliegen oftmals bis Mitte August zusammen mit ihren Nachkommen. Damit gehört der Trauermantel zu den Schmetterlingen mit der höchsten Lebenserwartung. Als einziger Falter macht er in seinem Leben eine Farbveränderung durch. Der gelbe Flügelrand ist nach der Überwinterung fast weiß, eines der unzähligen ungeklärten Phänomene im Leben der Schmetterlinge.

In der gesamten älteren Literatur wird der Trauermantel als überall häufig beschrieben. In Mitteleuropa ist er aber bereits seit Jahrzehnten sehr selten geworden. Die genauen Ursachen für den starken Rückgang dieses prächtigen Schmetterlings sind bisher unbekannt, d.h. ein direkter Zusammenhang zwischen Umweltveränderung bzw. Zerstörung der Biotope und Rückgang des Falters ist wohl sehr wahrscheinlich, aber schwer nachzuweisen. Von seiner Biologie her müßten dem Trauermantel ein paar Salweidenbüsche oder Birken für den Fortbestand genügen. Die Lebensansprüche des Falters sind aber offensichtlich doch vielfältiger. Der Trauermantel kann heute vor allem noch in Skandinavien, in Teilen Osteuropas und in den Alpentälern regelmäßig beobachtet werden. Einige Verstecke hat er zum Beispiel auch noch im Bayerischen Wald oder in der Lüneburger Heide. Ganz offensichtlich meidet der Falter »herausgeputzte« Landschaften, er benötigt anscheinend großräumige, von menschlichen Eingriffen noch etwas verschontere Gegenden mit einer ursprünglichen Vegetation.

HECKEN

Laßt die Störenfriede leben

BEREINIGT – GERODET – ABGEBRANNT UND VERBISSEN

Eine Palette ökologisch durchaus verschiedenartiger Gehölzbestände der offenen Landschaften betrachten wir hier zusammen. Gemeinsam ist ihnen, daß sie die offene »Flur« untergliedern, dort andere, neue ökologische Qualitäten repräsentieren, auf die zahlreiche Falterarten zwingend angewiesen sind. In vielen Regionen mit industrieller Agrarproduktion auf großer Fläche stellen sie heute oft sogar die letzten noch halbwegs naturnahen Reste in der Landschaft dar.

Schmetterlinge profitieren von solchen Gehölzen als »ökologischer Infrastruktur« auf vielfache Weise: An Büschen und Bäumen finden die Raupen zahlreicher Arten Lebensstätte und Nahrung. Die Falter tanken Nektar aus den Blütenkelchen der Büsche und Bäume, noch mehr aber aus dem Flor an Kräuterblüten im Saumbereich solcher Landschaftsteile. Oft finden die Tiere allein hier noch, in diesen von der Intensivbewirtschaftung etwas verschonten Randbereichen und Säumen, ein ausreichendes Nektarangebot. Das gilt insbesondere nach der Wiesenmahd, wenn von einem auf den anderen Tag selbst die letzte Blüte auf großer Fläche fällt.

Bedeutsam ist auch die Rolle von Hecken und Feldgehölzen als Windschutz, den sehr viele Schmetterlinge brauchen, oder als Schattenspender in der Mittagshitze (Ochsenauge), als Versteck vor Feinden und schlechter Witterung, als Schlafplatz und schließlich als Sitzwarte, von der aus territoriale Arten ihre Reviere kontrollieren (siehe Segelfalter).

Hecken, Gebüsche, Feldgehölze und Einzelbäume waren einst ein zumeist sehr häufiger und fester Bestandteil der bäuerlichen Kulturlandschaft. Kaum eine Hangkante, kaum ein Wegeinschnitt, kaum ein größeres Wiesenstück, das nicht wenigstens von einzelnen Gehölzen bestockt war.

Die Raupe des Pappelschwärmers frißt auf Weide und Pappel. Die Raupe weist die gleichen gelben Striche auf wie die Blattnerven des Pappelblattes. Die Raupe verpuppt sich in einer Erdhöhle und überwintert als Puppe.

Die Raupe der Pfeileule lebt auf verschiedenen Laubbäumen und Sträuchern, besonders auf Heckenrosen. Sie verpuppt sich in einem festen weißen Kokon unter Rinde und überwintert als Puppe.

Die Raupe des Pudels bevorzugt Erle als Nahrung. Zur Verpuppung nagt sie in morsches Holz eine Höhlung und spinnt einen Seidenkokon, in den sie ihre Haare einwebt.

Hecken mit zahlreichen verschiedenen Sträuchern bieten eine Nahrungsgrundlage für eine Vielzahl verschiedener Raupen und Schmetterlinge.

In manchen Regionen ist das bis heute so geblieben. Insgesamt haben aber auch diese Landschaftselemente in den letzten Jahrzehnten empfindliche, regional sogar katastrophale Bestandseinbußen, in erster Linie durch die Flurbereinigung, erlitten.

Für Schleswig-Holstein wurde errechnet, daß dort die Gesamtlänge der Wallhecken oder der »Knicks« in nur 30 Jahren (1950–1980) um ein Drittel des Bestandes oder um 25 000 Kilometer verringert wurde. In der Westfälischen Bucht und in Oberfranken wurden flurbereinigungsbedingt Heckenverluste von 40 Prozent auf schlechteren Böden bis hin zu 65 Prozent auf den landwirtschaftlich besseren Böden festgestellt. Nicht weniger dramatisch sind sicherlich auch die Verluste an Baumgruppen und Einzelbäumen, die nur nicht so präzise aufgelistet sind.

FALTERSCHUTZ IN HECKEN UND FELDGEHÖLZEN

Sollen die Schmetterlinge der Hecken geschützt werden, ist es die erste Aufgabe, die heute noch vorhandenen Gehölz-, Hecken- und Baumbestände in den Fluren zu belassen. In vielen Regionen waren allerdings die Verluste in der Vergangenheit derart hoch, daß aus Naturschutzsicht zusätzlich Pflanzungen bzw. Neuanlagen im großen Stil notwendig werden. Bei Vorhaben dieser Art sollte die Gehölzmischung immer vielfältig und unbedingt »standortgerecht« sein. Hinweise darauf, welche Büsche und Bäume besonders in die betreffende Region passen, gibt die Zusammensetzung der Pflanzenarten nahegelegener naturnaher Waldmäntel (so wie früher die Bauern das Pflanzenmaterial aus der nächsten Umgebung holten). Das bunte Pflanzengemisch hat den Vorteil, daß es vielfältige Lebensbedingungen auf kleinstem Raum bietet, also gleichzeitig mehr Falterarten ein Auskommen garantiert. Bei der An-

Die Sackträgermotten, meist sehr kleine, graubraun gefärbte Nachtfalter, gehören zu den kurzlebigsten Schmetterlingen; sie leben nur wenige Tage, einzelne Arten nur wenige Stunden. Jede Art hat ihren eigenen Häusertyp.
Die Raupe muß ihr Haus im Laufe ihrer Entwicklung ständig vergrößern, sie lebt ähnlich wie eine Häuserschnecke. Zur Fortbewegung benutzt sie nur die vorderen Beinpaare (oberstes Bild), bei einer Störung zieht sich die Raupe sofort in ihr Häuschen zurück.
Auch die Verpuppung erfolgt im Häuschen, ja sogar die Begattung. Die Weibchen sind flügellos und strecken nur den Hinterleib aus dem Häuschen, um sich begatten zu lassen. Die Bilder zeigen verschiedene Häusertypen von Sackträgermotten.

pflanzung sollten die einzelnen Gehölze möglichst in kleinen Gruppen gesetzt werden, damit auch langsamer wachsende Büsche eine Chance haben, sich im Kampf um Platz, Licht und Nahrung durchzusetzen.

Die Hecken dürfen nicht zu schmal ausfallen. Erst ab einer Breite von vier bis zehn Metern ist der Windschutz erreicht, den unsere Tagfalter und ebenso zahlreiche weitere Tiere der Wiesen (die Fliegen etwa) deutlich bevorzugen (Nachtfalter nehmen zum Teil auch mit »zugigeren« Flecken vorlieb). Nur so stellt sich auch im Inneren der Hecken ein waldartiges Kleinklima ein, das fallweise mitentscheiden kann, welche und wie viele Falter auf Dauer in der Hecke leben können.

In unterschiedlichen Abständen sollten in die Hecken möglichst auch »Überhälter«, das sind die Hecke überragende Einzelbäume, eingeplant werden. Dann finden sich zusätzlich Falter ein, die (aus den unterschiedlichsten Gründen) auf höhere Bäume angewiesen sind. Erwähnenswert ist unter anderem das sogenannte »Treetopping« etwa des Birkenzipfelfalters. Der Begriff »Treetopping« meint das gezielte Anfliegen dominierender Baumwipfel durch paarungswillige Tiere, die dank der guten Übersicht dort leichter ihre Partner finden.

Auf diesem Natternkopf (links oben) haben sich zahlreiche Baumweißlinge eingefunden. Der Baumweißling zählte früher zu den Schädlingen, weil die Raupen ganze Obstbäume kahlfraßen. In England wurde der Falter bereits in den zwanziger Jahren ausgerottet und auch bei uns fehlt er mittlerweile als Folge des Einsatzes von Insektiziden in weiten Teilen seines ehemaligen Verbreitungsgebietes. Heute fliegt er nur noch in wenig kultivierten Gegenden.

Im Gegenlicht scheint der Körper des Falters schwarz durch die transparenten Flügel.

Balzflug des Baumweißlings (rechts oben).

Die Eier werden in Grüppchen auf Weiß- oder Schwarzdorn abgelegt. Aus diesem Eigelege schlüpfen gerade die Jungräupchen, etwa zehn Tage nach Eiablage. Die Raupen überwintern halberwachsen in einem Gespinst.

Aus dem gelben Kokon ist gerade eine Schlupfwespe ausgeschlüpft.

Die Raupe des Baumweißlings verpuppt sich zu einer Gürtelpuppe. Nach Verlassen der Puppenhülle gibt der Falter den blutroten »Puppenharn« ab, Abfallprodukte des Stoffwechsels aus dem Puppenstadium. In früheren Zeiten, als die Raupen des Baumweißlings noch zahlreich und oft schädlich waren, färbte der Harn die Obstbäume zur Schlüpfzeit der Falter leuchtend rot – ein Blutregen im Volksglauben.

DIE BÜRSTENBINDER: RAUPEN FLIEGEN WEITER

Bei Nachtfaltern ist das Anlocken der Männchen per Duft die Strategie, einen Partner zu finden, da es in der Nacht doch ziemlich aussichtslos ist, nach einem Männchen Ausschau zu halten. Die unterschiedlich ausgebildeten Fühler (Geschlechtsdimorphismus) sehr vieler Nachtfalter sind also die Folge einer Anpassung an das Nachtleben. Ein still sitzendes Weibchen ist vom Männchen zudem leichter aufzufinden als ein bewegtes »Ziel«. Darin liegt die »Trägheit« dieser Weibchen begründet, die es sich infolgedessen auch leisten können, solch erstaunliche Massen von Eiern mit sich zu schleppen, daß manche unter ihnen nur mehr schwerfällig zur Eiablage zu fliegen vermögen.

Das Weibchen des Schlehen-Bürstenbinders legt seine Eier direkt auf den Puppenkokon, aus dem es geschlüpft war. Es kann mit seinen schwachen Beinchen nicht mehr sicher klettern, sich nicht mehr zu Fuß fortbewegen, von Fliegen ganz zu schweigen: Bürstenbinderinnen besitzen keine Flügel mehr. Wie dicke pralle Eiersäcke muten sie uns an: Flügel, Fühler, Augen und Rüssel sind zu unförmigen Anhängseln verkümmert. Ein Wunder fast, denn diese Schmetterlingsart soll nach der letzten Eiszeit, also im Verlauf der letzten 10 000 Jahre, in Mitteleuropa eingewandert sein.

Aktive Fortbewegung zeichnet nur die Raupe aus, aber auch deren Radius ist eng. Allerdings gibt es eine *passive* Verbreitung der Raupen, die für viele der behaarten Spinnerraupen bekannt ist: Die zuerst winzigen Räupchen tragen einzelne, weit abstehende Haare, die Angriffspunkte für den Wind bilden. Und so werden die winzigen Leichtgewichte (wie z. B. auch Jungspinnen) oft weit verfrachtet.

An Schlehe, Weißdorn und Rose sind im Mai, später in einer zweiten Generation um Juli/August die bunten Raupen mit ihren lustigen »Bürsten« auf dem Rücken zu beobachten. Der steifen Bürstenhaare und der vielen ebenso winzigen wie harten, mit Nesselstoffen präparierten Samthärchen wegen sind sie für Vögel schwer verdaulich. Daher können sie frei sichtbar auf dem Laub ihrer Futterpflanzen sitzen.

Der Schlehen-Bürstenbinder demonstriert, daß ein Schmetterling nicht an ein Biotop allein gebunden sein muß. Im Wald ist er lediglich schwerer zu finden, denn die Raupe lebt dort hoch oben im Laub der Eichen und Buchen.

Beim Bürstenspinner sind die Weibchen flügellos. Das Bild zeigt ein Weibchen auf dem Gespinst, aus dem es schlüpfte, bei der Eiablage. Die Verbreitung des Bürstenspinners erfolgt passiv, das heißt, die sehr stark behaarten Jungräupchen werden vom Wind verfrachtet. Die Raupen leben auf verschiedenen Laubgehölzen, vor allem auf Erle. Die Raupe verpuppt sich in einem lockeren Gespinst im Bodenmulm und überwintert als Puppe.

Eine Springspinne hat ein Flechtenwidderchen erbeutet. Flechtenwidderchen fliegen an sonnigen, heißtrockenen Stellen. Die Raupen ernähren sich von Flechten und überwintern.

Der Hummelschwärmer zählt zu den Wanderfaltern, er wandert bei uns alljährlich aus Südeuropa ein und kann den Winter bei uns nicht überstehen. Die Raupe lebt auf Geißblatt. Beim Hummelschwärmer löst sich unmittelbar nach dem Schlüpfen ein Teil der Flügelschuppen ab, so daß die Flügel durchscheinend glasig werden und der Falter eine frappante Ähnlichkeit mit einer – gefährlichen – Hummel bekommt (Mimikry). Der Hummelschwärmer, eigentlich ein Nachtfalter, fliegt nur am Tag und vermag wie ein Kolibri vor der Blüte in der Luft »stillzustehen«, um so im Flug Nektar zu saugen.

Neue Hecken müssen gut ausgeprägte Säume und eine unregelmäßige äußere Form mit Vorsprüngen und Einbuchtungen aufweisen. Sehr positiv wirken sich in jedem Fall nicht oder nur extensiv genutzte Säume aus, soweit sie reich an Hochstauden oder Wiesenblumen sind. In großflächig intensiv genutzten Feldfluren ist dieser krautige Saumbereich das entscheidende Kriterium für das Vorkommen vieler Falterarten (aber auch für weitere Feldtiere wie die Waldeidechse oder gar das Rebhuhn). Ähnliches gilt auch für das engere Umfeld alter Einzelbäume oder Alleen. Hier sind es vor allem Doldenblütler, da zum Beispiel viele Blütenspanner, die Zipfelfalter und ein Großteil der als Larven im Holz alter Laubbäume bohrenden Glasflügler, nach dem Schlüpfen solche Blüten bevorzugen, die den Nektar leicht zugänglich anbieten. Typische Falter der Alleen sind etwa der Kleine Eichenglasflügler, der in Eichen und Pappeln lebt, der Dickkopfglasflügler in Eichen, der Hornissenschwärmer in Schwarzpappeln und der Bienenglasflügler in Pappeln und Weiden.

HECKE ALS SCHUTZ: FLUCHT VOR DER SONNE

Schmetterlinge sind wechselwarme Tiere wie alle Insekten. Ihre Körpertemperatur entspricht weitgehend den Temperaturen ihrer Umgebung. Tagschmetterlinge sonnen sich, um sich aufzuwärmen und meiden schattige Biotope.

Jede Art hat ihre optimale Körpertemperatur. Zu große Hitze zehrt das Tier aus, es verliert viel Wasser. In den heißen Mittagsstunden kann der Falter den Verlust nicht über den Nektar wettmachen, denn die Verdunstung in der prallen Sonne dickt den Nektar ein. Was tun? Viele Schmetterlinge sammeln sich an feuchten Wegstellen zum Saugen: Bläulinge, Weißlinge, Dickköpfe, Segelfalter. Andere Falter jedoch sind praktisch verschwunden im Schatten von Hecken, Waldrändern oder Waldwegen. So sehr die Gelbbraunen Dickköpfe oder auch der Rostfleckige Dickkopffalter heiße Hecken- und Waldränder lieben, in der Mittagshitze laben sie sich lieber in kleinen Schwärmen etwa an Brombeerblüten auf der Schattenseite der Hecke.

Während die Raupen dieser Dickköpfe an verschiedenen Gräsern fressen, tun sich die Larven der Schwarzweißen Dickkopfarten an Kräutern

Der Dunkle Dickkopffalter ist überall recht häufig. Er fliegt ab April in zwei Generationen.
Die Eier werden immer einzeln abgelegt, Raupenfutterpflanzen sind verschiedene Kleearten, besonders Hornklee. Auch die Raupen des Dunklen Dickkopffalters ziehen Teile der Futterpflanze als Schutz mittels Spinnfäden zu einer Art Behausung zusammen. Der Dunkle Dickkopffalter überwintert als Raupe oder als Puppe.

Der Malvendickkopffalter fliegt von April bis August in zwei Generationen. Er setzt sich gerne auf exponierte Halme und Zweige. Die Raupe lebt auf Fingerkraut. Die Jungraupen sitzen auf der Mittelrippe des Blattes und überspinnen sich mit einem Seidendach, später wird ein Nachbarblatt zusammen mit der Unterlage zu einem Haus versponnen. Der Malvendickkopffalter überwintert als Puppe.

wie Erdbeere und Fingerkraut gütlich, oder an der Kronwicke wie die Raupe des Malvendickkopfs. Das Faltermännchen dieser Art, ein kleiner, aber kräftiger Schmetterling, der überaus wendig zu fliegen vermag, besetzt kleine Territorien. In geschützten und warmen, aber nicht zu trockenen Kräuterfluren zwischen Büschen sitzt das Tier etwa auf einem die übrigen Pflanzen überragenden Grashalm. Von dieser Warte aus wird jedes sich bewegende Objekt angegriffen: Fliegen, Schmetterlinge, mitunter sogar eine große Hummel. Danach fliegt das Männchen stets zum selben Halm zurück. Dieses Schauspiel läßt sich schon im

Der Gelbwürfelige Dickkopffalter hat einen hüpfenden Flug. Er fliegt von Mai bis Anfang Juli. Hier ist ein Gelbwürfeliger Dickkopffalter einer weißen Krabbenspinne zum Opfer gefallen. Die Krabbenspinnen sind wahre Tarnkünstler, die Weibchen einiger Arten vermögen sogar ihre Körperfarbe dem Untergrund anzupassen. Auf weißen Blüten sind sie weiß, wechseln sie auf eine gelbe Blüte, werden sie nach kurzer Zeit gelb.

Der Rostfarbige Dickkopffalter erscheint in zwei Generationen von April bis August. Die Falter fliegen sehr schnell knapp über dem Boden. Die Eier werden auf Kleearten abgelegt. Die Raupen spinnen mehrere Blätter zusammen und überwintern.

Dieser Falter labt sich an Vogelkot. Der vertrocknete Kot wurde durch eine Absonderung aus dem Hinterleib des Falters aufgeweicht, um mit dem Rüssel aufgenommen werden zu können.

Frühling, Ende April verfolgen: Der kleine Falter wartet auf ein Weibchen und ist dabei so erregt, daß er sich selbst von Attrappen aus der Reserve locken läßt.

Die meisten Schwarzweißen Dickköpfe dieses Typus leben vorwiegend in Süd- und Südosteuropa. In Mitteleuropa finden sie sich nur an trokkenheißen Standorten: südexponierte Hänge, Südränder der Saumbiotope.

Auch viele Augenfalter fliehen die Sonne und verbringen die Mittagsstunden im Schatten der Bäume: so der Große und Kleine Waldportier, die seltene Berghexe und der Baumweißling.

ANPASSUNG UND MIMIKRY: TARNEN UND TÄUSCHEN

Viele Schmetterlinge brauchen die Hecke als Landschaftselement, zum Beispiel als Ausguck nach dem anderen Geschlecht. So fliegt uns schon im Frühling, vor allem in feuchteren Wiesen, von der Hecke ein kleiner wendiger Falter entgegen: der Gelbwürfelige Dickkopf. Er saß auf einem exponierten Zweig der Hecke, den er auch wieder aufsucht, nachdem er den Kopf des Eindringlings mehrmals in schnellem Flug umkreist hat. Freiwillig scheint er von seinem Zweig nicht zu lassen, ihn fast zu verteidigen.

Jedoch: Die schöne Aussicht von der Hecke birgt für den Falter große Gefahr. Wer sich exponiert, fällt auf – wer auffällt, wird gefressen. Ein Männchen auf Ausguckposten sitzt auf dem »Präsentierteller« und muß vor allem mit Vögeln rechnen. Die meisten Dickkopfarten sind daher unauffällig, solange sie sitzen. Und wird das Tier aufgescheucht und fliegt los, vermag ihm das Auge kaum zu folgen. Mit ihrem äußerst wendigen, springenden Flug werden die Dickköpfe von ihrer Umgebung als Hintergrund geradezu verschluckt.

Schutz durch Tarnung: Eine besondere Anpassung an den exponierten Heckensitz haben die Zipfelfalter entwickelt. Allesamt sind sie »Sonnenanbeter«, Licht und Wärme liebende Tiere. Viele stammen aus dem Wald, aus der sonnenerhitzten Wipfelregion. In den vom Menschen geschaffenen Hecken finden sie ein Mikroklima wie in ihrem ursprünglichen Biotop. Ihre Raupen sind an Gehölze gebunden – anders als der Großteil der übrigen Bläulinge.

Was die Falter selbst in diesen Biotopen suchen, ist ebenfalls die Struktur in der Landschaft. Wie die Dickköpfe beziehen auch die Männchen der Zipfelfalter auf einer erhöhten Warte Posten und halten Ausschau, verzichten aber gleichfalls auf die typischen Suchflüge, wie sie Kaisermantel und Segelfalter, der Schwalbenschwanz oder die Weißlinge unternehmen, während die meisten Nachtfalter pheromongesteuerte Zielflüge absolvieren.

Hält das Männchen des Pflaumenzipfelfalters nach Weibchen Ausschau, sitzt es ziemlich hoch exponiert auf einem Blatt der Hecke, putzt sich und reibt die Flügelflächen aneinander. So sind die Flügel geschlossen und zeigen nur ihre unauffällige Unterseite. Unauffällig – bis auf die zarten langen Schwänzchen, die »Zipfel«. Diese sind schwarz mit weißem Rand, am Ansatz sitzt ein farblich hervorstechendes Augen-Muster neben einer roten Binde. Vielen Zipfelfaltern sind von Vögeln diese Flügelecken herausgerissen worden.

Ein Vogel, der einen Zipfelfalter entdeckt, sieht zunächst die rote Binde. Diese »Signalfarbe« im Tierreich lenkt seinen Blick auf die augenähnliche Zeichnung und auf die Schwänzchen, die sich beim Flügelreiben wie Fühler bewegen. Der Vogel meint nach dem Kopf zu picken und – fort ist der Schmetterling: ohne seine Zipfel, aber er lebt. Die *Mimikry*, das Nachahmen eines Organs, hier der vorgetäuschte Kopf, hat ihn gerettet.

So mancher Zipfelfalter findet in den vom Menschen angelegten Hecken genau das Mikroklima seines ursprünglichen Biotops. Der Schlehen- und der Pflaumenzipfelfalter fanden aus den heißtrockenen Eichenwäldern hierher, der Eichen- und der Akazienzipfelfalter dagegen aus den feuchteren Laubwäldern.

Der Pflaumenzipfelfalter zählt zu unseren seltenen Tagfaltern. Er fliegt nur lokal, zu Beginn der Ligusterblüte. Der Falter setzt sich fast ausschließlich auf Ligusterblüten zur Nektaraufnahme. Das Weibchen legt die Eier einzeln in die Astgabeln von Schwarzdorn. Die Eier überwintern.

VIELFÄLTIGE HECKEN BRAUCHEN VIEL PFLEGE

Ohne gelegentliche Nutzung oder Pflege ähnlich wie im Niederwald würden die Hecken durchwachsen, an Dichte verlieren und im Bodenraum licht und kahl werden. Die Eigenart der Hecken und damit das Überleben der Heckenfalter läßt sich damit nur sichern, wenn sie von Zeit zu Zeit »auf den Stock gesetzt«, die Gebüsche eine Handbreit über dem Boden abgesägt oder abgeschlagen werden. Dann können sie wieder neu und dicht austreiben.

So notwendig diese Maßnahmen sind, so radikal ist freilich der Eingriff in die Lebensgemeinschaften der Hecke, wird doch praktisch das gesamte »Ökosystem« für einige Zeit eliminiert. Daher darf nur jeweils ein kleiner Teil einer Heckenzeile, maximal ein Viertel des Bestandes, im gleichen Jahr abgeschlagen werden. Dann kann die Tierwelt in die Nachbarschaft abwandern, und die nachwachsenden Gebüsche werden von dort aus rasch wieder durch die Falter besiedelt.

Die einzelnen Heckenfalter haben teilweise an den Altersaufbau ihrer Biotope recht unterschiedliche ökologische Ansprüche, daher ist es wünschenswert, in Heckengebieten alle Altersklassen

Der Schlehenzipfelfalter (oben) bevorzugt warme, steinige Plätze. Das Weibchen legt die Eier in die Astgabeln kleiner Kreuzdornbüsche. Nur der Schlehenzipfelfalter legt Eier in zwei Farbvarianten, in grau oder weiß. Die Eier überwintern. Bei Blattaustrieb des Kreuzdorns schlüpfen die Jungräupchen. Die Raupen sind tagsüber dauernd von Ameisen umgeben, wie das für Bläulingsraupen typisch ist. Mitte Juni verpuppen sich die Raupen zu einer braunen Gürtelpuppe, die in einem Seidenfaden hängt.

Der Akazienzipfelfalter fliegt nur an milden, heißtrockenen Stellen und legt die Eier auf sehr kleine Schwarzdornbüsche. Die Eiablage, normalerweise bei Einzelablage ein Vorgang von wenigen Sekunden, dauert beim Akazienzipfelfalter minutenlang. Das Weibchen »garniert« als einziger Tagfalter jedes Ei mit Haaren, die es vom Hinterleib abstreift. Die Eier überwintern.

an Gehölzen (bis zu 25, 30 Jahren) in enger Nachbarschaft aufzubauen. Dann kann die typische Heckenfauna nahezu vollständig repräsentiert sein, und die zeitliche Kontinuität der jeweiligen Qualität des »Wohnorts« ist gegeben, die diese Faltergemeinschaften brauchen.

Für ein Pflegeprogramm gilt folgende Faustregel: Alle sechs Jahre sollten umschichtig rund 20 Prozent eines größeren Heckenbestandes »auf den Stock gesetzt« werden. Die günstigste Zeit für solche Arbeiten sind die Monate Oktober bis Ende Februar. Punktuell dürfen, ja sollten aber durchaus auch einzelne der Überhälter herangezogen werden, also vom periodischen Rückschnitt ausgenommen werden. Wichtig für die Falterfauna der Hecken ist darüber hinaus, daß auch die Wildkrautsäume um die Hecken periodisch gemäht werden, da diese nur so ihre besondere Qualität und ihren Blütenreichtum wahren können. Auch hier empfiehlt es sich, die Vegetation jeweils nur abschnittsweise und zeitlich versetzt im Turnus von ein bis zwei Jahren abzumähen und das Mähgut abzutransportieren.

Bei Alleen und Einzelbäumen müssen im Interesse der Nachhaltigkeit der Lebensgrundlagen für die Falter von Zeit zu Zeit einzelne junge Bäume nachgepflanzt werden, die mit den Jahren die ökologische Rolle der natürlichen Abgänge einnehmen können. Typische Tagfalter an solitären Bäumen sind in Süddeutschland der Blaue Eichen-Zipfelfalter und der Ulmen-Zipfelfalter (in Norddeutschland sind diese dagegen eher typische Waldfalter, mit Vorliebe für Wald[innen]ränder). Vorzugsweise solitäre Büsche, vor allem diverse Weidenarten (z.B. Salweiden), wählen der Große Fuchs und der Trauermantel.

Auch das Weibchen des Gabelschwanzes sucht sich zur Eiablage meist freistehende kleine Weiden und Pappeln aus. Den Namen verdankt er seiner auffallenden Raupe mit zwei langen Schwänzen am Körperende.

Alle Raupen aus der Familie der Spinner spinnen sich vor der eigentlichen Verpuppung einen Seidenkokon als Schutzhülle. Die Raupe des Gabelschwanzes verwebt in den Seidenfaden Teilchen der Unterlage, meist Rinde, die sie dort abbeißt. Dies macht den Kokon praktisch unsichtbar. Der Kokon erhärtet zudem so stark, daß ihn Vögel nicht öffnen können. Der frisch geschlüpfte Falter muß im Innern zuerst eine Flüssigkeit absondern, die den Kokon an einer Stelle auflöst, damit der Falter ins Freie gelangen kann. Die Puppe des Gabelschwanzes benötigt unbedingt eine Kälteperiode, damit sich der Falter entwickelt.

Ihr rotes Gesicht zeigt die Raupe des Gabelschwanzes bei Störung und läßt aus den beiden Schwanzgabeln lange rote Fäden austreten. Die Gabelschwanzraupe ist als einzige Raupe in der Lage, sogar zu spucken.

IN GEMEINSCHAFT SIND SCHWACHE STARK

Zu Hause an Hecken, in Parks und an Waldrändern ist der Mondfleck aus der Familie der Zahnspinner. In sogenannten Spiegeln legen die Weibchen die Eier an die Blattunterseiten von Hasel, Weide, Eiche oder anderen Gehölzen. Die Räupchen leben nach dem Schlüpfen zunächst im Pulk, fressen nachts (wie die meisten anderen Schmetterlingsraupen auch) und ruhen tagsüber dicht zusammengedrängt auf der Unterseite eines Blattes, suchen die gegenseitige Nähe.

Den Vorteil dieser Gemeinschaft demonstrieren die einzelnen winzigen und wehrlosen Raupen eindrucksvoll, sobald man ihr Schlafblatt berührt oder gar umdreht: Ganz plötzlich rucken sie mit den Köpfen, winden sie ihre Leiber: Wie eine hundertköpfige Hydra bewegt sich die Blattfläche und vermag so manchen Angreifer abzuschrecken. So winzig wehrlos die einzelne Jungraupe ist – wie *ein* Organismus spielen sie alle in dieser Abwehrreaktion zusammen. Abgestoßen von der undefinierbaren Masse läßt man das Blatt lieber wieder los.

Zunächst benagen die Raupen die Blätter nur oberflächlich. Sind sie aber ausgewachsen, hinterlassen die gemeinsam zum Fressen ausziehenden Raupen immer öfter einmal auch kahle Zweige. Ab der dritten Häutung trennen sie sich und leben einzeln. Die Verpuppung des Mondflecks findet dann im Boden statt.

Auch die Raupen des Ringelspinners, die ihre Nester in Astgabeln der verschiedensten Gehölze anbringen, trennen sich nach der dritten Häutung: Ringelspinner, Goldafter, Wollafter, Prozessionsspinner – alle diese in Gemeinschaft lebenden Raupen spinnen lebhaft und markieren so die Wege, die zu ihren Nestern führen – die Nester selbst nehmen durch immer weitere Gespinstfäden schnell an Umfang zu, so daß sie ausgezeichneten Schutz vor Vögeln und Ameisen bieten.

Eine Gefahr jedoch wird immer wieder augenfällig: Legen Falterweibchen an eine einzelne Futterpflanze gleich einen ganzen Eispiegel oder -haufen und bleiben die Raupen dann in Gemeinschaft zusammen, so ist ein Strauch oder eine Baumkrone oftmals lange vor der Verpuppung kahlgefressen.

Für den Kahlfraß oftmals ganzer Heckenteile aus Schlehe, Pfaffenhütchen oder Weiden sind Raupen von Kleinschmetterlingen verantwortlich: Die Gespinstmotten der Gattung *Yponomeutra,* die ihr ganzes Raupenleben in der Gemeinschaft verbringen und sich anschließend im Nest auch noch verpuppen.

Die Federgeistchen (oben) schwärmen im Juni und Juli in der Abenddämmerung auf Buschland. Die Raupen fressen Winden, Klee, Rose und Schlehe. Die Raupen überwintern und verpuppen sich im Frühsommer, in einem Gespinstgürtel hängend.

Die Rosenmotte (rechts) ist ein recht seltener, im Buschland fliegender Falter. Die Raupen leben auf verschiedenen Flechten und überwintern. Im Juni verpuppen sie sich in einem Gespinst, in das sie ihre Haare einweben.

Der Nachtschwalbenschwanz (rechts unten) ist ein Bewohner des Buschlandes, von Parks und lichten Wäldern. Die Raupen leben auf verschiedenen Laubgehölzen wie Holunder, Schlehe, Efeu und Stachelbeere.

Kleiner Falter – große Wirkung: Die Räupchen der nur etwa 1 cm langen Gespinstmotte (links) fressen ganze Bäume oder sogar Baumgruppen kahl und überziehen die Äste mit Gespinstfäden. Bevorzugt werden Pfaffenhütchen und Traubenkirschen. Die befallenen Bäume erholen sich erstaunlicherweise von diesem Überfall noch im gleichen Sommer, d.h. sie treiben nochmals vollständig aus! Die Raupen verpuppen sich gemeinsam am Fuß des Baumes. Die Falter fliegen im Juli.

Der Goldafter (links unten) trägt seinen Namen wegen des goldglänzenden Haarpelzes am Körperende. Mit diesem Haarpelz überzieht das Weibchen sein Eigelege als Schutz vor Feinden. Die Raupen leben auf verschiedenen Laubbäumen und Buchen, sehr gerne auf Berberitze. Die Raupen überwintern.

ACKER UND ÖDLAND: AGRARWÜSTE MIT OASEN

Gäbe es nicht die moderne Agrarchemie, unsere Äcker würden leuchten vom Rot des Klatschmohns, vom Blau der Kornblume und vom Weiß der Kamille. So aber sind die Felder heutzutage meist blütenleer, weil keiner die Wildkräuter duldet: der Bauer nicht im Acker, der Winzer nicht im Weinberg, der Gärtner nicht im Garten.

Blütenreicher dagegen präsentieren sich zumeist auch heute noch die Raine, Brachen, »Ruderalstellen« und sonstige »Ödlandflächen«. Ihr farbenfrohes Aussehen verdanken sie in der Regel Herden hochwüchsiger Ruderalpflanzen: Königskerze und Eselsdistel etwa, Beifuß und Rainfarn, Natternkopf und Steinklee, um nur einige besonders auffällige Vertreter zu nennen.

Wie die einzelnen Bestände tatsächlich zusammengesetzt sind, hängt in starkem Maße von der Bodenbeschaffenheit (z.B. Kalk/Sand), vom Nährstoffangebot und von den früheren und jetzigen Einwirkungen des Menschen ab. Gerade diese Biotope sind noch mehr als viele andere anthropogene Pflanzengesellschaften vom Wirken des Menschen abhängig. Darauf sind alle Schutzmaßnahmen abzustellen, wenn sie Erfolg haben sollen.

Wo soviel Blütenreichtum auf engstem Raum zu finden ist, dürfen die Schmetterlinge nicht fehlen. Und tatsächlich, geht man etwa an einem Frühsommertag längs eines Bahndammes in noch einigermaßen naturnahen Gegenden spazieren, so ist man überrascht vom (Tag-)Falterreichtum solcher Strecken. Auf der Eselsdistel saugen u.a. Zitronenfalter, Schachbrett und Großer Kohlweißling, auf Doldenblütlern das Landkärtchen und verschiedene Zipfelfalter, auf Kamille Dukaten- und Feuerfalter, und nachts steht mancher Schwärmer im Schwirrflug vor den Blütenkelchen der Nachtkerze.

Die auffallendste Funktion solcher »ruderalen« Wildpflanzenbestände ist also die eines Nahrungsbiotops für viele Nektarsauger. Dies gilt ganz generell und natürlich besonders nach der Mahd der umliegenden Flächen, wenn diesen Stellen eine oft existenzentscheidende Rolle als Übergangstracht auch für die Falter der Wiesen zukommt.

Sieht man noch genauer hin, so tauchen im Pflanzengewirr schnell verschiedene Schmetterlingsraupen auf: an Weidenröschen und Labkraut der Mittlere und der Kleine Weinschwärmer, der Labkraut- oder der Nachtkerzenschwärmer, an Leinkraut die Möndcheneule, an Beifuß der Beifußmönch.

Das Abbrennen von Böschungen ist ein sehr schwerwiegender Eingriff und zerstört die Schmetterlingsfauna an der betreffenden Stelle nachhaltig.

Ein aufgelassener Acker verwandelt sich in kurzer Zeit in ein Blumenmeer. Auf diesem Acker dominieren noch die sogenannten Getreideunkräuter wie Klatschmohn, Kamille, Kornblume und Feldrittersporn. Diese Pflanzen werden im nächsten Jahr durch andere Pionierpflanzen wie Disteln, Gamander, Wildes Stiefmütterchen und viele andere ergänzt oder zum Teil verdrängt.

Ungleich schwieriger ist es dagegen, auf Äckern überhaupt noch größere Bestände der herkömmlichen Ackerbegleitflora und deren Falterfauna zu finden. So groß sind die Verluste. Doch wird der aufmerksame Beobachter gelegentlich auch hier belohnt, etwa durch die Raupen des Windenschwärmers oder der Federgeisterchen *Alucita pentadactyla* und *Ptesophorus monodactylus* auf der Ackerwinde, die des Mehlfarbenen Raukenspanners auf Hederich und anderen Kreuzblütlern, oder jener des Kleinen Perlmutterfalters nach der Ernte auf Ackerstiefmütterchen in Stoppelfeldern. Freilich ist die letztere Art ebenfalls recht rar geworden. Besser geht es dagegen vielen »Falter-Schädlingen« der Felder, etwa den Kohlweißlingen, der Kohleule und der an Wurzeln verschiedener Kräuter und Gräser fressenden Erdeulen (Saat-, Ypsiloneule, Gemeine Graseule, Getreideeule und viele andere).

Wer die Entwicklung im ländlichen Raum über die letzten Jahrzehnte verfolgt hat, konnte allenthalben eine ausgeprägte Tendenz beobachten, die Felder und sonstigen Nutzflächen auszudehnen und in der Bewirtschaftung zu intensivieren. Dafür wurden und werden alle störenden Elemente der Landschaft, ob dies Hecken, Kleingewässer, Raine, Brachfelder oder sonstige »Kleinstrukturen« sind, in erheblichem Umfang aus der Flur beseitigt und die Bewirtschaftung der Nutzflächen enorm intensiviert.

Das geballte Bombardement mit Agrarchemie in allen Schattierungen zeitigte verheerende Folgen für die Natur. Es führte zum oft völligen Schwund der Flora an Begleitpflanzen unserer Feldfrüchte, der »Segetalflora« (Seges = Saat). Kornblume, Feldrittersporn, Sommer-Adonisröschen, Frauenspiegel und viele andere sind heute weitgehend aus den Äckern verschwunden, und manche davon abhängige Falterart, die Rittersporneule etwa, ist bundesweit ausgestorben. Die Düngung, die Bodenverdichtung durch die schweren Maschinen oder auch die Saatgutreinigung verstärken noch den Blütenschwund. Der hohe Düngereinsatz nivelliert zudem Standortunterschiede in der Nährstoffversorgung. Konventionell bewirtschaftete Äcker bieten daher fast keiner Schmetterlingsart noch Siedlungsmöglichkeiten. Die Veränderungen sind so radikal, daß es in vielen Regionen bereits zu spät ist, den ökologischen Zusammenhängen zwischen Falterleben und Feldbau nachzugehen. Die Forschung steht auf solchen Agrarwüsten vor dem Nichts, findet keine Studienobjekte mehr, um prüfen zu können, bei welchen Formen der Bewirtschaftung Schmetterlinge noch Chancen hätten.

Der Rapsweißling ist einer unserer häufigsten Falter. Er kann vom Kleinen Kohlweißling leicht an den grünbeschuppten Adern auf der Unterseite unterschieden werden. Die Raupen leben auf verschiedenen Kreuzblütlern. Die Puppe überwintert. Die Falter schlüpfen bereits im April und fliegen bis September in mehreren Generationen.

Der Steinkleebläuling fliegt lokal an warmen, sonnigen Stellen mit spärlicher Vegetation. Seine Raupen fressen vorwiegend auf Wundklee.

WINDENSCHWÄRMER: EINWANDERER MIT LANGEM RÜSSEL

In trockenwarmen Lagen finden sich Bestände der Ackerwinde als »Unkraut« des Ackers oder als Pioniervegetation an Wegrändern und Schuttplätzen. Hier treffen wir einen ausländischen Gast, den Windenschwärmer. Der nach dem Totenkopf größte heimische Schwärmer wandert über die Alpen nach Mitteleuropa – je wärmer und trockener der Sommer, in desto größerer Zahl fliegen die riesigen Tiere im Juni ein, in einer zweiten Einwanderungswelle dann im Spätsommer.

Die grünen Jungraupen sitzen frei an den Winden, ihrer einzigen Nahrungspflanze. Ab der dritten Häutung färben sie sich braun und verstecken sich tagsüber in der Bodenstreu.

Die Puppe läßt bereits ahnen, was den Falter vor allen anderen mitteleuropäischen Schmetterlingen auszeichnet: sie besitzt eine grotesk lange, spiralig eingerollte Rüsselscheide. Der Schwärmer hat den überhaupt längsten Rüssel unter den europäischen Faltern. Er mißt oft mehr als neun Zentimeter!

In der Abenddämmerung »stehen« die Schwärmer vor langröhrigen Nachtfalterblumen unserer Gärten wie Phlox und Tabak und werden dabei oft für entflogene Kolibris angesehen. Die bei uns geschlüpften Weibchen erreichen ihre Geschlechtsreife erst nach Wochen reichlicher Ernährung und nach ihrem Zug in den Süden. Von diesen nach trockenwarmen Sommern besonders großen Rückwanderungszügen zeugen manchmal Tausende überfahrene Falterleiber auf den Straßen. Vom Licht angelockt, hatten sie sich niedergesetzt und wurden so zu Verkehrsopfern.

Am Rande stark gedüngter Felder und Wiesen stocken mancherorts ausgedehnte Nesselbestände. Die Brennessel beherbergt die Raupen einer Anzahl unserer bekanntesten Tagfalter: Das Tagpfauenauge legt seine Eier an besonders wüchsige, dichte Bestände, möglichst im Halbschatten von Büschen oder im feuchten Graben neben Wirtschaftswegen. An sonnigen, trockenen Orten legt das Weibchen des Kleinen Fuchses die Eier ab.

Bei beiden Faltern verteidigen die Männchen die begehrten Raupenlebensräume: Die Kleinen Füchse besetzen den Brennesselbestand als Revier, die Tagpfauenaugen verteidigen die Anflugwege zu den Nesseln.

Die wunderschöne Larve des C-Falters lebt oft gemeinsam mit den Raupen des Kleinen Fuchses, jedoch immer einzeln – ganz im Gegensatz zu den beiden anderen Arten, deren Weibchen stets Massen von Eiern an eine einzelne Pflanze absetzen. Und so fressen deren Raupen in dichten Klumpen an den Nesseln, manchmal gelingt es ihnen, mit der ganzen Nesselflur »aufzuräumen«.

Windenschwärmer beim Blütenbesuch an Petunie. Bei seiner Puppe ist die Rüsselscheide besonders ausgeprägt.

Ein Wachtelweizen-Scheckenfalter (oben), seine Raupe lebt vorzugsweise auf Spitzwegerich.

Der Skabiosen-Scheckenfalter; die Hauptfutterpflanzen der Raupe sind Skabiose, Teufelsabbiß und Enzian.

Puppe eines Scheckenfalters.

Das Braunauge fliegt gerne an sonnigen, trockenen Böschungen.

DIE FLURBEREINIGUNG: EIN FELDZUG DER VERNICHTUNG

Dank geringer Feldgrößen und kleinflächiger Einteilung der Äcker zeichnete sich die traditionelle Agrarlandschaft durch hohe Anteile an Randlinien, an Rainen, ungenutzten »Zwickeln« und sonstigen Übergangsstandorten aus, wo sich in großem Umfang blütenreiche Ruderalvegetation einstellen und halten konnte. Das ist anders geworden: Industrielle Agrarproduktion, Güterzusammenlegung, die Vergrößerung der Schläge, die Beseitigung von Kleinbiotopen und Einschlüssen in der Flur und die Verschmälerung der verbliebenen Säume radieren gerade die für die Schmetterlinge interessanten Flecken in der Landschaft aus.

Die Verlustbilanz an solchen ökologischen Elementen und Strukturen ist so traurig wie enorm und wurde bisher selbst vom Naturschutz oft nicht kritisch genug verfolgt. Meist übertrifft die flurbereinigungsbedingte Zerstörung der Raine jene der Hecken um ein Vielfaches! So hat man beispielsweise für einen Teilbereich der rheinischen Agrarlandschaft errechnet, daß in den letzten neunzig Jahren weit über 90 Prozent der Stufenraine beseitigt wurden.

Zahlen in dieser Größenordnung sind keineswegs Einzelfälle, sondern eher die Norm. Da aber die traditionelle Kulturlandschaft ihren Artenreichtum neben einer gewissen Nährstoffarmut in besonderem Maße auch der Vielfalt solcher gliedernder Elemente und allmählicher Übergänge zwischen verschiedenen Biotoptypen (»Ökotone«) verdankte, nimmt es nicht wunder, daß der Vernichtungsfeldzug gegen diese Landschaftsbestandteile mit zu den wichtigsten Ursachen des Artenschwundes überhaupt zählt. So rangiert die Beseitigung der »Ökotone« und ökologisch verwandter Standorte wie der Raine hier an zweiter Stelle nach der Grünlandintensivierung. Im Falle der Farn- und Blütenpflanzen ist die Zerstörung der Raine und Ökotone gar der Spitzenreiter.

So überrascht es nicht, daß wir die vielfältigsten und schmetterlingsreichsten Ruderalgesellschaften unter den heutigen Bedingungen nicht mehr in der weithin ausgeräumten Feldflur finden, sondern längs der Dämme von Eisenbahnen, Straßen und Kanälen in Abgrabungsgebieten, Bau-Erwartungsland und anderen abgelegenen Flächen. Dieses Phänomen gilt sogar im Siedlungsbereich, ohne daß diese Oasen der Natur hier wie dort freilich immer gesichert sind. Gärtnerische Pflege- und Gestaltungsmaßnahmen, die Verstädterung der Dörfer mit oft fragwürdigen »Verschönerungs«-Tendenzen haben auch hier in den letzten 20 bis 30 Jahren viel Schaden angerichtet.

FALTERSCHUTZ AUF ÄCKERN UND ÖDLAND

Hier sind vor allem zwei Punkte wichtig: einmal eine deutliche Verringerung des Herbizideinsatzes und der Düngermengen. Danach eine deutliche Reduktion in der Ausdehnung der »Schläge«, der einzelnen Nutzflächen auf den Feldern. Bei Einsatz von Bioziden sollte nicht nur aus ökologischen, sondern auch aus ökonomischen Gründen (bis zu 30% Kostenersparnis) von vorbeugenden Spritzungen nach dem üblich gewordenen Spritzkalender abgerückt werden. Nur noch im wirklichen Bedarfsfall, bei stärkerer »Verunkrautung«, ist Spritzen angebracht. Außerdem dürfen Gift und Dünger keinesfalls auch noch auf die Wegränder, die Feldraine, Böschungen usw. geraten.

Regenerations- und »Überlebensecken« für die gebietstypischen Faltergemeinschaften der Ruderalgesellschaften lassen sich schaffen, wenn man Teile der Feldflur brach fallen läßt. Die »Kahlschlag-Flurbereinigung« sollte wenigstens wieder teilweise rückgängig gemacht werden, indem in größerem Umfang Saumbiotope und Kleinstrukturen (unter anderem grasige Raine, aber auch Hecken und Tümpel) nachträglich wieder in die Feldflur eingebaut werden.

Der Himmelblaue Bläuling kann von den übrigen Bläulingen leicht an dem schwarz-weißen Flügelfransen unterschieden werden. Er fliegt in zwei Generationen von Mai bis September.

Die Raupe des Himmelblauen Bläulings frißt ausschließlich auf Hufeisenklee, sie wird tagsüber dauernd von Ameisen beschützt. Die Raupe überwintert halberwachsen.

Die Raupe des Silbergrünen Bläulings (Bild links) ähnelt jener des Himmelblauen Bläulings sehr und frißt auch auf Hufeisenklee, jedoch zeitlich etwas versetzt. Der Silbergrüne Bläuling überwintert als Ei.

Straßenränder werden oft durch (zu frühes) Mähen geschädigt. Betroffen ist etwa die Raupe des Schwalbenschwanzes (an Wilder Möhre). Natürlich fallen so auch Nektarquellen aus, etwa für den Hauhechelbläuling, der gerne breitere Straßenränder und -böschungen besiedelt, ferner für den Gemeinen Heufalter, den Postillion und andere Wanderfalter, die hier gerne saugen. Bei den Hochstaudensäumen ist es wichtig, sie entweder gar nicht oder erst sehr spät im Jahr zu mähen. Das Mähgut muß abtransportiert werden, sonst ist eine Konzentration von Nährstoffen unausweichlich, und die Ansiedlung stickstoffliebender (nitrophiler) Ruderalvegetation (beispielsweise Brennesseln) wird begünstigt.

Bei der Segetalvegetation ist es für das Überleben der meisten Ackerwildkräuter sogar unverzichtbar, daß eine Bodenbearbeitung stattfindet. Daher versagen in diesem Fall die Methoden des klassischen Biotopschutzes. Nur wenn die Felder regelmäßig bestellt werden, können die Samen der meist einjährigen Ackerwildkräuter an die Bodenoberfläche, ans Licht, gelangen und keimen – sofern ihnen nicht gleich wieder mit Gift der Garaus gemacht wird.

Um dieser Pflanzengesellschaft zu helfen, hat man – beginnend mit Tests in Nordrhein-Westfalen – nunmehr in fast allen Bundesländern sogenannte »Ackerrandstreifenprogramme« eingeführt. Dabei verzichten die Bauern gegen eine Entschädigung darauf, in den Randstreifen der Getreideäcker von wenigstens zwei bis vier Metern Breite die chemische Keule gegen die Wildkräuter einzusetzen.

Eine »Wiederbelebung« der Wildkrautflora der Äcker ist heute noch möglich, weil die Samen der meisten Arten bis zu zwanzig Jahre, manchmal wohl sogar bis zu 50 Jahre keimfähig bleiben und deshalb noch massenhaft keimfähiges Material aus früheren (in dieser Sicht wenigstens: »besseren«) Zeiten im Boden steckt. Wie groß dieses Potential noch ist, zeigt sich, wenn etwa bei Straßenbaumaßnahmen Mutterboden auf Haufen zusammengeschoben wird. Flugs sind derartige Erdhügel mit einem blütenprächtigen Schleier aus Kamille, Klatschmohn und vielen anderen Wildkrautarten der traditionellen Feldflur überzogen. Da die Getreideerträge am Feldrand ohnehin

Der Mittlere Weinschwärmer ist unser häufigster Schwärmer. Die Raupen leben im Spätsommer auf Weidenröschen; sie treten in zwei Farbvarianten auf, in grüner oder brauner Grundfarbe. Vorne tragen sie zwei Paar Scheinaugen. Der Mittlere Weinschwärmer überwintert als Puppe.

geringer ausfallen als im Feldinnern, hat dies die Entscheidung der Landwirte, an diesem Projekt mitzumachen, erleichtert.

Was die floristische Seite des Programms betrifft, so zeigen die bisherigen Arbeiten überzeugende Ergebnisse. Das Pilotprojekt, ein fünfjähriger Modellversuch in der Eifel, ergab folgende Zahlenwerte: Auf den nicht gespritzen Randstreifen der 36 Versuchsflächen wurden 180 Pflanzenarten kartiert, wovon drei Viertel Ackerwildkräuter waren. Auf gespritzten Kontrollflächen konnte dagegen nur ein Drittel bis ein Viertel dieser Pflanzenarten gefunden werden, welche zudem meist nur vegetativ vorhanden waren, also keine Chance hatten zu blühen und zu fruchten und damit auch für viele Schmetterlingsarten von vornherein uninteressant waren. Vergleichende Untersuchungen, wie diese Maßnahmen auf die Falterfauna wirken, stehen aber noch aus. Es ist freilich anzunehmen, daß auch die Schmetterlinge von diesem Verzicht auf Gift deutlich profitieren, so daß man auch aus der Sicht des Falterschutzes die Forderung nach einem möglichst dichten Netz von Ackerwildkraut-Refugien, das alle Naturräume umfaßt, dringend unterstützen sollte. Erfolge sind insbesondere an sonnigen, windgeschützten Stellen zu erwarten.

Mit der Beseitigung von lockeren Natursteinmauern geht ein idealer Verpuppungsort, ja ein ganzer Lebensraum für eine Vielzahl von Schmetterlingsarten kaputt.

Eine Mauereidechse hat eine Eulenraupe erbeutet.

Ein Bienenfresser trägt einen Eichenspinner, einen sehr flinken, am Tag fliegenden Nachtfalter, zu seiner Bruthöhle. Der Bienenfresser nistete früher auch am Kaiserstuhl. Die Raupen des Eichenspinners trifft man sehr oft auf Wegen, wenn sie einen Verpuppungsplatz suchen. Sie leben auf verschiedenen Pflanzen wie Weiden, Heidelbeeren und Erle. Bei Störung rollt sich die Raupe sofort zusammen. Der Eichenspinner überwintert sowohl als Raupe als auch als Puppe. Die Puppenruhe dauert manchmal über ein Jahr.

Die Sandwespe zeigt ein besonders interessantes Verhalten: Bevor sie sich auf Raupensuche macht, gräbt sie eine Erd- bzw. Sandhöhle und verschließt diese mit einem sorgfältig ausgewählten Stein. Hat sie auf ihren Streifzügen eine Raupe gefunden (hier eine Spannerraupe), lähmt sie diese durch einen Stich und trägt oder schleppt sie manchmal mehrere Meter weit zu ihrer vorgefertigten Höhle. Die Raupe wird vor dem Eingang abgelegt und der Stein vom Eingang entfernt. Nun kriecht die Wespe in die Höhle und zieht die Raupe nach. Die Wespe belegt die noch lebende, aber gelähmte Raupe mit einem Ei und verschließt den Bau wieder mit dem Stein. Zusätzlich schüttet sie noch Sand über den Eingang. Aus dem Wespenei entwickelt sich in der lebenden Raupe, einer Art Fleischkonserve, eine Wespenlarve und schlußendlich wieder eine Sandwespe.

WESPENTRACHT: WARNEN MIT DEM FEINDBILD

Die Raupe des Jakobskraut- oder Blutbären, eines bei Tage in der Wiese flatternden Nachtfalters, lebt im Saum oder auf Ruderalstellen. Hoch oben am Jakobskreuzkraut sitzend, sticht sie durch ihre schwarzgelbe Färbung sofort ins Auge: So auffällig kann nur eine Warntracht sein. Aufgrund schlechter Erfahrungen weiß jeder Vogel, daß diese Raupe abscheulich schmeckt. Tagaktive Raupen sind – vor allem auf Blüten – exponiert. Da muß man sich was einfallen lassen, Mimikry ist die Flucht nach vorn: Auffallen und den Appetit verderben.

Die Raupe nimmt über ihre Nahrung Giftstoffe der Futterpflanze auf und signalisiert das ihren Freßfeinden mit einer im Insektenbereich weit verbreiteten Musterbildung. Je mehr giftige oder wehrhafte Insekten das gleiche Muster zeigen, desto nachhaltiger ist der Lerneffekt bei den Feinden. Es entsteht ein »Mimikry-Ring«, beim Blutbären »Wespenzeichnung« genannt, nach den eigenen schlechten Erfahrungen des Menschen mit so gefärbten Insekten. Ein zweiter Mimikry-Ring funktioniert mit dem Kontrast Rot auf Schwarz, so bei der Blutzikade und den Widderchen. Viele Saumarten schützen sich mit Mimikry.

Jeder Warner steht Modell für Nachahmer. Mit der angsteinflößenden Wespenzeichnung »schmücken« sich auch viele harmlose Schwebfliegen, Käfer oder andere Schmetterlinge. Ein ganz besonderes Paar sind die Gelbe und die Weiße Tigermotte: An Brennesseln, Löwenzahn und vielen anderen Kräutern am Wiesenrand leben ihre Raupen. Die Imagines tragen beide eine Wespenzeichnung, giftig jedoch ist nur der eine, der andere ist ein geschickter Nachahmer. Beide Tigermotten stellen sich auch gerne tot: Die Flügel hochgeklappt (sonst bei Nachtfaltern völlig unüblich), biegen sie die Hinterleiber ein, damit die gelb-schwarze Zeichnung auch ja gut sichtbar ist.

Das Musterbeispiel für eine Schreckfärbung ist das Abendpfauenauge, während die großen Bärenspinner (Brauner Bär, Purpurbär und die tagfliegenden Arten Russischer Bär und Schönbär) gar mit »Schockfarben« imponieren. Die gefleckten oder gestreiften Vorderflügel der Bärenspinner lösen sich zudem optisch auf: Die Falter sind trotz der recht auffällig erscheinenden Vorderflügel dadurch weit schwerer zu entdecken als sie es bei einfarbigen Flügeln sein würden.

Die Raupe des Jakobskrautbären zeigt die für giftige Raupen typische Warntracht in Schwarz und Gelb. Auch der Falter ist giftig und demonstriert das durch die Warnfarben Rot und Blauschwarz. Der Jakobskrautbär fliegt gerne auf Ödland mit der Raupenfutterpflanze, dem Jakobskraut. Die Raupen verpuppen sich in einem lockeren Gespinst am Boden. Die Puppe überwintert.

Der Schwarze Bär fliegt nördlich der Alpen an besonders milden Stellen auf Ödland. Die Raupe lebt auf verschiedenen niederen Kräutern und überwintert.

FUTTERWECHSEL ALS LEBENSRETTUNG

Der Große Feuerfalter ist mit einer Flügelspannweite von rund 4 cm einer der größten Bläulinge, zu denen auch die Zipfel- und die Feuerfalter gehören. Mit seiner feurig leuchtendroten Flügeloberseite und seiner blauweißen Unterseite mit rotem Rand zählt der Große Feuerfalter zu den Juwelen unserer Schmetterlingsfauna.

Der Große Feuerfalter hat in Europa eine bewegte Geschichte hinter sich. Die Stammform dieser Art aus England, die noch etwas größer war als die Falter auf dem Kontinent, flog bis Mitte des letzten Jahrhunderts in den englischen Sümpfen. Nach der Trockenlegung der meisten Feuchtgebiete wurde der Lebensraum des Großen Feuerfalters sehr stark eingeengt und der Falter dementsprechend selten. Damit wurde eines der traurigsten Kapitel in der Entomologie eingeleitet: Die Rarität dieses exklusiven Falters machte ihn für Händler interessant, und die Bewohner in der Umgebung der letzten Refugien lernten bald, daß sie mit dem Fangen der Tiere und dem Absammeln der Raupen von den Blättern der großen Ampferstauden Geld verdienen konnten. So war denn das Schicksal dieser Art in England bereits 1849 besiegelt, der Falter ausgerottet. Von da an war er nur noch in den Sammlungen von Museen und gutbetuchten Sammlern zu bewundern.

Mehrere Versuche, wenigstens die kleinere Unterart vom Kontinent in England wiederanzusiedeln, scheiterten zu Beginn dieses Jahrhunderts. 1915 entdeckte man in Friesland eine der englischen Stammform sehr ähnliche Rasse in einer kleinen Kolonie. Mit Vertretern dieses Stammes gelang die Wiederansiedlung des Großen Feuerfalters in England im Jahr 1927, wo er an engbegrenzten Stellen bis heute bewundert werden kann.

Auch die Unterart des Großen Feuerfalters auf dem Kontinent war bis vor kurzem eine Charakterart von Feuchtgebieten. Die Raupen lebten fast ausschließlich auf Wasser- und Flußampfer. Doch auch hier wurde der Große Feuerfalter durch die Dränage der meisten Feuchtgebiete sehr selten.

Doch seit rund zehn Jahren kann bei diesem Falter etwas Sensationelles beobachtet werden: Der Große Feuerfalter hat seine Lebensweise geändert. Er fliegt nun vorwiegend auf Ruderalstellen, auf meist trockenem Brachland und zum Teil sogar auf sehr intensiv bewirtschafteten Flächen. Das Weibchen legt die Eier nun auf den Roß- oder Krausen Ampfer, eine der häufigsten und verbrei-

Von diesen drei Raupen des Großen Feuerfalters, aufgenommen im Juni, trägt ein Tier bereits das rotbraune Winterkleid. Die zwei grünen Raupen entwickeln sich bis August zu Faltern, die in einer zweiten Generation fliegen. Das transparente Blattfenster zwischen den grünen Raupen ist die Fraßspur der Jungraupen, die nur die Blattoberfläche abschaben.
Die Raupen sind meistens von Ameisen umgeben, wie dies für Bläulinge, zu denen auch die Feuerfalter zählen, typisch ist.
Die Raupe verpuppt sich zu einer Gürtelpuppe.
Die Eier werden auch auf Ampfern in Kulturland abgelegt.

Ein Pärchen des Großen Feuerfalters wird von einem Männchen belästigt. Ein weiteres Männchen umfliegt das Trio.

Männchen des Großen Feuerfalters. Die Weibchen sind nicht so leuchtend rot, sie tragen ein schwarzes Fleckenmuster auf orangem Grund.

tetsten Pflanzen überhaupt! Und während früher der Wasserdost die Hauptnektarquelle der Falter bildete, trat an dessen Stelle die Kanadische Goldrute, eine nicht einheimische Pflanze, die als eigentlicher Kulturfolger bezeichnet werden kann und sich in den letzten Jahren stark verbreitet hat.

Dank dieser Anpassungsfähigkeit des Großen Feuerfalters hat dessen Verbreitungsgebiet in den letzten Jahren wieder stark zugenommen.

Ist dieses Beispiel ein Hoffnungsschimmer für unsere Schmetterlingsfauna als Ganzes? Sicher nicht. Andere Falter können das Kunststück nicht nachvollziehen: Der Große Feuerfalter schaffte die Umstellung in der für einen solchen Vorgang außerordentlich kurzen Zeit nur, weil eine den ursprünglichen Futterpflanzen sehr nahe verwandte Art, der Krause Ampfer, ausgesprochen häufig ist und sowohl in den ursprünglichen Biotopen des Falters, in Feuchtgebieten, als auch an den Ersatzbiotopen, auf Brachland, vorkommt. Daß dagegen zum Beispiel eine heute monophag auf Brennesseln lebende Raupe sich plötzlich auf Löwenzahn umstellt, ist praktisch ausgeschlossen.

Der Große Feuerfalter legt die Eier einzeln oder in Grüppchen vorzugsweise auf die Blattoberseite entlang der Mittelrippe. Das Jungräupchen beißt zum Schlüpfen ein Loch in die Eischale, den Rest des Eis läßt es jedoch stehen. Es wandert sofort an die Unterseite des Blattes, das es stückweise abschabt. Das Blatt wird an der Fraßstelle transparent. Die Raupen wechseln den Fraßplatz auf dem gleichen Blatt mehrmals, so daß das Blatt zahlreiche kleine »Fenster« erhält. An diesen Spuren sind vom Großen Feuerfalter belegte Blätter leicht zu erkennen. Erst nach der zweiten Häutung beginnen die Raupen, eigentliche Löcher in die Blätter zu nagen. Während der Nahrungspausen schmiegt sich die Raupe des Großen Feuerfalters meist fast unsichtbar an die Mittelrippe des Blattes. Wie alle Bläulingsraupen ist sie myrmecophil, d.h. sie ist fast dauernd von Ameisen umgeben, die sie beschützen und sich dafür an ihren Hautsekreten gütlich tun. Die Raupen sind erstaunlicherweise in der Lage, auch wochenlange Überflutungen zu überleben. Sie verpuppen sich zu einer sogenannten Gürtelpuppe, d.h. sie hängen in einem Spinnfaden an der Unterlage.

Nördlich der Mainlinie ist der Große Feuerfalter »einbrütig«, d.h. er fliegt in nur einer Generation im Juli/August. Südlich davon fliegt er in

Der Violette Feuerfalter fliegt an trockenen, sonnigen Stellen. Er tritt in Mitteleuropa in zwei verschiedenen Farbvarianten auf, den Faltern südlich der Alpen fehlt der Blauschiller weitgehend (mittleres Bild). Die Raupen leben auf kleinen Ampferarten und überwintern.

Der Labkrautschwärmer hat eine große Ähnlichkeit mit dem Wolfsmilchschwärmer. Seine Raupen sind etwas weniger bunt und leben auf Labkraut und Weidenröschen. Der Labkrautschwärmer überwintert als Puppe.
Erstaunlicherweise lassen sich praktisch alle Schwärmerarten miteinander kreuzen und ergeben fruchtbare Nachkommen! Dies widerspricht der alten Definition des Begriffs »Art«.

zwei Generationen im Mai/Juni und August/September. Doch auch in den Gebieten mit zwei Generationen entwickeln sich erstaunlicherweise nicht alle Raupen der Frühjahrsfalter zu einer zweiten Generation. Rund 10 Prozent der Raupen häuten sich nur einmal. Sie stellen bereits im Juni die Nahrungsaufnahme ein und verfärben sich rotbraun, besitzen bereits das Überwinterungskleid. Von den Raupen der zweiten Generation im Herbst verfärben sich nach der ersten Häutung alle Tiere rotbraun. Dies ist eine ausgezeichnete Tarntracht auf den braunen Blättern des im Herbst absterbenden Ampfers, auf dem sie überwintern.

Es gibt ein paar Schmetterlingsarten (z. B. Blauschwarzer Eisvogel, Segelfalter), die südlich der Alpen mehrere Generationen entwickeln, nördlich der Alpen jedoch in der Regel einbrütig sind und höchstens eine partielle zweite Generation von einzelnen Faltern an besonders milden Stellen hervorbringen. Lediglich der Große Feuerfalter jedoch ist zu einem geringen Prozentsatz einbrütig, der Großteil der Raupen entwickelt sich zu einer zweiten Generation, die meist individuenreicher ist als die erste Generation überwinterter Raupen.

EIN SCHWERGEWICHT MIT MAULWURFSKRAFT

Der Totenkopfschwärmer ist einer der faszinierendsten Falter der europäischen Schmetterlingsfauna. Er ist der schwergewichtigste europäische Schmetterling und wird mit einer Flügelspannweite von bis zu 13 cm nur noch vom Wiener Nachtpfauenauge an Größe übertroffen. Seinen Namen verdankt er der markanten Zeichnung auf dem Rücken.

Der Totenkopfschwärmer zählt zu den flugtüchtigsten Faltern. Aus Afrika kommend, teilweise sogar aus Gebieten südlich der Sahara, überquert er das Mittelmeer und die Alpen und fliegt manchmal bis nach Skandinavien. Der Falter trifft bei uns etwa Mitte Juni ein. Der Totenkopfschwärmer kann als einziger Schmetterling quiekende Laute von sich geben, wenn er gestört wird. Im Gegensatz zu den übrigen Schwärmern besitzt er nur einen sehr kurzen, aber um so kräftigeren Rüssel. Damit kann er Bienenwaben anstechen und seine Lieblingsspeise Honig naschen. Diese Vorliebe wird dem Totenkopfschwärmer aber oft zum Verhängnis, er wird von den Bienen niedergestochen.

Das Weibchen legt die Eier ausschließlich auf Nachtschattengewächse wie Kartoffeln oder

Tomaten. Es können jedoch nur jene Raupen durchkommen, die auf ungespritzten Pflanzen fressen. Daher sind sie immer seltener zu sehen. Auch die Raupe ist in der Lage, bei Störung ein knackendes Geräusch von sich zu geben. Sie zeigt in den allermeisten Fällen eine grelle Warntracht in den Farben Blau und Gelb. Etwa jede hundertste Raupe ist jedoch schmutzig-braun gefärbt, in einer Art Tarntracht.

Die Raupen verpuppen sich in einer Erdhöhle, die bis zu einem halben Meter tief im Boden liegen kann. Der frisch geschlüpfte Falter muß sich zuerst maulwurfsartig durch die Erde graben, bevor er seine Flügel entfalten kann! In Ruhestellung sind die Flügel immer dachförmig über den Körper gefaltet. Nur beim Abflug werden die schwarzgelben Hinterflügel und der gelbe Rücken mit einem blauen Mittelstreifen sichtbar. Der Totenkopfschwärmer kann bei uns selbst als Puppe tief im Boden nicht überwintern.

Beim Abflug eines Totenkopfschwärmers werden die schwarzgelb gezeichneten Hinterflügel sichtbar, die in Ruhestellung immer verdeckt sind. Oben der Totenkopf im Detail.

Die Raupe – die Hand als Größenvergleich – ist die größte und schwergewichtigste aller europäischen Schmetterlinge.

SCHMETTERLINGE IN MENSCHLICHEN SIEDLUNGEN

Wie Bestandserfassungen zeigen, sind nahezu sämtliche einheimischen Schmetterlingsfamilien wenigstens durch einzelne Arten im Siedlungsbereich des Menschen vertreten. Untersuchungen belegen weiterhin, daß die Schmetterlingsfauna der Städte und Dörfer fallweise ausgesprochen artenreich sein kann. So wurden beispielsweise im Gebiet der Stadt London samt Umland bis heute bereits 728 verschiedene Großschmetterlinge nachgewiesen. Das sind immerhin mehr als drei Viertel aller in Großbritannien heimischen Arten aus dieser Gruppierung. Und erst kürzlich wurden in München, im Innenhof des Schloßparks von Nymphenburg, im Rahmen einer vier Jahre dauernden Untersuchungsreihe die beachtliche Zahl von immerhin 310 Schmetterlingsarten an einer eigens für diese Zwecke installierten Lichtfalle festgestellt.

So beeindruckend solche Zahlen auf den ersten Blick auch scheinen, über den tatsächlichen Stellenwert der Städte oder auch einzelner Stadtbiotope für den Falterschutz sagen sie freilich nichts oder nur recht wenig aus. Die Frage ist, ob dieser Artenreichtum nur deswegen zustande kommt, weil in der Siedlung eine Vielzahl unterschiedlicher Biotoptypen auf engstem Raum vorliegt, in denen sich vor allem die »Allerweltsarten und Zivilisationsfolger« tummeln. Oder ob in größerem Umfang auch Charaktertiere relativ naturnaher Lebensräume vertreten sind. Nur dann wäre die heute gern gerühmte »Begrünung der Städte« für die Schmetterlinge wirklich eine Hilfe.

ÖKOLOGISCHE CHARAKTERISTIK DER STÄDTE UND DÖRFER

Siedlungen des Menschen sind aus ökologischer Sicht ein Mosaik verschiedener Biotoptypen, die praktisch allesamt mehr oder weniger starke Abwandlungen älterer, auch heute noch außerhalb der Siedlungen anzutreffender Biotope darstellen. Entsprechend können wir auch in der Stadt etliche für diese jeweiligen Biotope typischen Falter erwarten. So etwa in den baumbestandenen Parks (die ja nur Modifikationen von Wäldern darstellen) zumindest die häufigsten Waldschmetterlinge, auf städtischem Rasen, so er nicht ständig unnatürlich kurz gehalten wird, wenigstens die verbreitetsten Wiesenfalter. Städte sind ein Spiegel der Biotopvielfalt und ihrer Zerstörung.

Wegränder entwickeln sich nicht selten zu Kleinstbiotopen mit einer artenreichen Flora und Kleintierfauna. Nur selten läßt man es so schön blühen wie an dieser Straße, oft werden die Straßenränder immer noch – angeblich aus Sicherheitsgründen – in kurzen Abständen gemäht, gespritzt oder abgefackelt.

Der Hauhechelbläuling ist unser häufigster Bläuling. Ober- und Unterseite im Bild. Er stellt sich als einer der ersten Falter in neuangelegten Naturgärten ein. Die Raupen leben auf Kleearten, vorzugsweise auf Hornklee.

Dieser »Mustergarten« ist alles andere als ein Schmetterlingsparadies. Er besteht wie die meisten Hausgärten aus zahlreichen bunten Blumen, diese sind jedoch vorwiegend standortfremd und bieten keinen Lebensraum für Falter bzw. deren Raupen.

Auf der anderen Seite wird die Beschaffenheit solcher Biotoptypen in der Stadt durch den Siedlungs- und Straßenbau (Stadt- und Baustruktur), durch die Wirtschaft und die ständige Anwesenheit großer Menschenmassen teilweise entscheidend verändert und überformt. Den vielfältigen sonstigen Einflüssen, die vom Menschen ausgehen (v.a. auch größere Wärme), kommt ebenfalls zentrale Bedeutung zu für das Aussehen und die tatsächliche ökologische Beschaffenheit der städtischen Biotope und damit ihrer Schmetterlingsfauna.

Aus der Sicht des Falterschutzes sind die wichtigsten Umweltbedingungen die extreme Parzellierung, Flächenverkleinerung und auch Isolierung der einzelnen Lebensstätten, dazu die häufigen Eingriffe des Menschen in sein engeres Umfeld. Die tatsächliche Zeit, die den verschiedenen Biotopen zum Ausreifen verbleibt, Zeit, die für den Aufbau typischer Artengemeinschaften aber oft ausgesprochen wichtig ist, wird enorm abgekürzt (hohe Lebensraumdynamik).

Zu nennen ist an dieser Stelle weiterhin der hohe »Pflegeaufwand«, den man fast allen Gärten und städtischen Grünanlagen angedeihen läßt, der aber angesichts der heute zumeist praktizierten Intensitäten schlichtweg als naturwidrig zu bezeichnen ist. Wesentliche Konsequenzen zeitigt natürlich auch die hohe Giftbelastung durch Chemikalien und Emissionen aus Autoauspuffen oder Schornsteinen, aber auch der beträchtliche Anfall eutrophierender Substanzen, von Düngemitteln über Müllabfälle bis zum Hundekot.

Da Siedlungsbereiche verhältnismäßig offene Ökosysteme darstellen, hängt ihre Falterfauna auch spürbar vom Umland ab. Damit ist klar, daß man vor allem in Dörfern und an Stadträndern, die in Gebieten mit einer reicheren Naturausstattung liegen, viel eher auch mit dem Auftreten ökologisch anspruchsvollerer und damit meist auch seltenerer Arten rechnen kann als beispielsweise in Ballungszentren.

FALTER-BIOTOPE ZWISCHEN BETON

Wer sich die Grenzen mancher Kommunen ansieht, wird unschwer feststellen, daß die als Stadtgebiet deklarierten Flächen oft weit über die bebauten Bereiche hinaus in die offene Feldflur oder in Waldgebiete reichen. So gesehen, liegt mancher noch recht naturnahe Lebensraum, ein Eichenwald etwa oder eine eingewachsene Kiesgrube, ein Halbtrockenrasen, eine Feuchtwiese usw., im Siedlungsbereich. (Nur diese großzügige Grenzauslegung bietet übrigens auch die Erklärung für die vorn genannte hohe Zahl an Schmetterlingen in London, einer Stadt, die weitläufig wie kaum eine andere ist und große Anteile naturnaher Flächen im Stadtgebiet beherbergt.) Solche Biotope sind dabei vorrangig zu sichern.

An dieser Stelle interessieren uns jedoch in erster Linie Biotope, die zur typischen Grundausstattung (nahezu) jeder menschlichen Siedlung zählen und dazu für die Schmetterlinge wichtig sind bzw. sein können. Gemeint sind hier insbesondere die städtischen Grünflächen im weiteren Sinn, die Parks, Friedhöfe, Alleen und verwilderten Obstgärten (als mehr oder weniger stark abgewandelte Formen der Wälder und Waldfragmente), die Rasenflächen und naturnahen Hausgärten (als Abwandlungen von Wiesen), die Böschungen von Bahnlinien und Straßen, auch Bauerwartungsland und die ungenutzten Restflächen bei technischen und industriellen Anlagen, auf denen sich junge Spontanvegetation einstellt oder aber blütenreiche Ruderalgesellschaften etabliert haben.

Kurz zu erwähnen ist hier noch außerdem die Gruppe unserer »Wohngenossen« unter den Schmetterlingen, die sich, wie z.B. Kleidermotte, Pelzmotte, Dörrobstmotte, Tapetenmotte, Mehlzünsler und Mehlmotte, dem Menschen in Mitteleuropa so eng angeschlossen haben, daß sie fast ausschließlich in seinen Wohnräumen auftreten. Diesen inzwischen recht häufigen Vorratsschädlingen gilt allerdings nicht die besondere Fürsorge des Naturschutzes . . .

Mehr Sympathie genießen dagegen die saisonalen Wintergäste im Dachstuhl und Keller, der Kleine Fuchs etwa, das Tagpfauenauge oder die Zackeneule. Diesen Arten kann von jedermann geholfen werden, wenn ihnen der Zugang zu frostsicheren (aber auch winterkühlen) Räumlichkeiten offengehalten wird. Dieser Sachverhalt sollte jedoch das Engagement der Tierschützer nicht in die falsche Richtung lenken. Für den Artenschutz von Faltern ist diese Maßnahme ohne Bedeutung, tierschützerische Emotionen helfen den Schmetterlingen insgesamt nicht.

FALTERFAUNA DER PARKS, FRIEDHÖFE, ALLEEN UND EINZELBÄUME

Gehölze in der Stadt enthalten nicht selten noch wesentliche Anteile der Schmetterlingsfauna, die für entsprechende Waldpflanzengesellschaften typisch ist. Dies gilt besonders, wenn es sich hier um großflächige Reste ursprünglicher Wälder handelt (was für nicht wenige Parks der Großstädte tatsächlich zutrifft), die erst nach und nach von den Siedlungen umschlossen wurden.

Bei den Baumbeständen der Siedlungen dominieren im allgemeinen die einheimischen Laubgehölze. Diese stellen eine wichtige Ernährungsgrundlage für die Raupen vieler Waldfalter dar. In Parks wachsen häufig Bäume unterschiedlichsten Alters nebeneinander auf engstem Raum und sind oft noch mit Gebüsch vergesellschaftet. Dadurch wird längs der Vertikalen, von unten nach oben, eine Vielzahl von Habitaten, von »Einmischungsmöglichkeiten« geboten.

Häufig finden wir auch Wiesenpartien und Blumenbeete in den Parks oder deren engster Nachbarschaft, so daß auch mancher Schmetterling, der beide Biotoptypen gleichermaßen braucht, ein

Der Stachelbeerspanner ist ein auch im Siedlungsraum recht häufiger Nachtfalter. Seine Raupe frißt auf Stachelbeere, Johannisbeere und Traubenkirsche.

Der Kleine Feuerfalter fliegt von Mai bis Oktober in zwei bis drei Generationen. Seine Raupe lebt auf Ampferarten.

Auskommen findet. Schließlich ist die Pflegeintensität und der Einsatz von Bioziden (Giften) in dem für die Waldschmetterlinge besonders bedeutsamen Kronenraum der Bäume, im Vergleich etwa zu den städtischen Rasenflächen oder zu Hausgärten, erheblich geringer. Und nicht zuletzt müssen wir uns in Erinnerung rufen, daß die Waldschmetterlinge gegenüber der Eutrophierung und Düngung ihrer Biotope deutlich weniger empfindlich reagieren als beispielsweise die meisten Wiesenfalter.

Auch dies darf jedoch keine Alibi-Argumente für menschliche Eingriffe liefern! Ein Beispiel aus der leider harten Alltagspraxis: Am Stadtrand soll ein Minigolfplatz, ein Freizeitpark, ein Schwimmbad, ein Kurpark u.ä. entstehen, ein Wald soll dafür abgeholzt werden. Die Naturschutzbehörde argumentiert mit Hilfe seltener Schmetterlingsarten. Der Betreiber bietet ein paar Blumenbeete, Bäume und Büsche in »schmetterlingsgerechter« Anordnung an, und sein Gutachter macht ein schönes Konzept, in dem er sich auf diese Ausführung bezieht. Ein Park kann aber einen Wald in seiner Gesamtheit einschließlich der anspruchsvollen Waldfalter nicht ersetzen. Er ist in der Stadt lediglich das kleinere Übel.

Von besonderem Interesse aus der Sicht des Falterschutzes ist außerdem, daß in den Siedlungen nicht selten viele alte Bäume stehen, meist sogar mehr und ältere als in den Wirtschaftswäldern des Umlandes. Manche Falterart, wie z.B. der Pergamentspinner, bevorzugt als Lebensraum aber Bäume mit großen, weit ausladenden Kronen, wie sie eben nur sehr alte, relativ freistehende Gehölze bieten können. Dazu finden holzbohrende Arten, wie z.B. der Kastanienbohrer, oder einige Vertreter der Glasflügler in solchen Altbäumen eher ein geeignetes Substrat für die Larvenentwicklung.

SCHUTZ DER »WALDFALTER« IN STÄDTEN UND DÖRFERN

Die Schutzziele für die Faltergesellschaften der Baumbestände in den Siedlungen liegen also auf der Hand, in ihren Grundzügen gleichen sie denen für die Schmetterlingsfauna der Wälder.

In erster Linie gilt es, auch in Siedlungen möglichst nur einheimische und standortgerechte Laubbäume anzupflanzen. Größere Gehölzpartien sollten immer so angelegt oder entwickelt werden, daß die Bestände gut geschichtet sind, also verschiedene Baumarten und dazu auch Bäume sehr unterschiedlicher Altersstufen nebeneinander stokken.

Der Ligusterschwärmer fliegt gerne in Parks. Die Raupe lebt auf Liguster und zahlreichen anderen Laubgehölzen wie Esche, Berberitze (Bild) und Schneeball, ja sogar auf den typischen Gartenpflanzen Flieder und Forsythie! Der Ligusterschwärmer kann als eigentlicher Kulturfolger bezeichnet werden. Die Puppe überwintert in einer Erdhöhle.

Weiterhin ist anzustreben, möglichst viele alte Bäume und vor allem auch kränkelnde Bäume im Bestand zu belassen! Soweit nicht massive Sicherheitsbelange für die Öffentlichkeit im Wege stehen, sollte man tunlichst darauf verzichten, alles morsche oder kränkelnde Holz der Bäume auszuschneiden, auszuschaben oder zu sterilisieren! Solche Maßnahmen, die von vielen Grünflächenämtern und Stadtgärtnereien alljährlich geradezu mit Hingabe und Akribie durchgeführt werden, stellen nämlich für nicht wenige und dabei teilweise sogar hochgradig gefährdete Tierarten schlichtweg eine Katastrophe dar. Ihnen wird dadurch die Existenzgrundlage regelrecht »weggepflegt«!

Die Baumsanierungen treffen nicht nur die holzbrütenden Schmetterlinge, sondern mehr noch die Hautflügler und Käfer: Beispielsweise sind allein 1000 der rund 6000 in der Bundesrepublik Deutschland nachgewiesenen Käferarten wenigstens in einem Abschnitt ihrer Entwicklung zwingend auf Holz oder im Holz siedelnde Pilze angewiesen.

Von Vorteil für die Schmetterlingsfauna großer Parks ist auch, wenn in die Gehölzbestände größere durchsonnte Partien (möglichst mit Extensivwiesen) eingelassen sind. Dort finden sich, zumal wenn größere, reichgegliederte und windgeschützte Waldsäume ausgebildet sind, etliche Schmetterlingsarten ein, die wir schon vom Waldrand her kennen: Landkärtchen, C-Falter, Ockergelber Dickkopffalter, Kommafalter, Brauner Waldvogel, Aurorafalter, Zitronenfalter, Senfweißling, Birkenzipfelfalter, Großes Ochsenauge, Steinklee-Widderchen, Hauhechel- und Prächtiger Bläuling – um nur einige Vertreter dieser ökologischen Gruppierung zu nennen.

Für manche baumbewohnende Schmetterlinge ist es außerdem wichtig, daß die Stammfüße der Straßenbäume von Teerdecken oder sonstigen schweren Befestigungen möglichst weiträumig freigestellt werden bzw. bleiben. Zum einen vertragen Bäume allzu enges Einteeren nur dann, wenn in ausreichendem Maße für Belüftung und Bewässerung gesorgt ist, vor allem aber wird all jenen Schmetterlingen, die – wie zum Beispiel der Lindenschwärmer – zwar als Raupe im Kronendach leben, zur Verpuppung aber ins Erdreich gelangen müssen, kaum eine Chance gegeben, rasch eine passende Stelle für ihre Puppenwiege zu finden. Es wäre interessant, zu zählen, wie viele solcher hilflos auf dem Asphalt umherirrender Schmetterlingsraupen dadurch unnötigerweise unter die Räder kommen oder aber zu einer leichten Beute für ihre natürlichen Feinde werden.

Eine weitere technische Todesfalle für viele Nachtfalter, soweit sie sich im Flug nach dem Licht orientieren (Phototaxis), stellen die verschiedenen Leuchtkörper der Straßenlaternen, Reklameschilder und Häuser dar. Die diesbezüglichen Verluste sind enorm. Beispielsweise lockte allein eine zwei Meter hohe, aus drei Buchstaben bestehende, blau-weiß strahlende Leuchtschrift auf einem Hochhaus in Graz in einem Jahr nachgewiesenermaßen mindestens 350 000 Insekten, und dabei besonders viele Nachtfalter an. Da die Attraktivität solcher Lichtquellen für die Schmetterlinge insbesondere von den UV-Anteilen am Licht abhängt, ist dringend darauf hinzuwirken, daß nur mehr solche Leuchtkörper verwendet werden dürfen (etwa bei der Straßenbeleuchtung), die lediglich geringe Mengen an ultravioletter Strahlung abgeben. So sind z. B. die Straßenlaternen in Hannover zum Teil mit genau denselben 160-Watt-Lampen ausgestattet, wie sie die Entomologen zum Lichtfang benutzen!

SCHMETTERLINGSINSELN: DIE GRÖSSE MUSS PASSEN

Gerade bei Waldresten, Biotoptypen also, die von Natur aus großflächig entwickelt sind, kommt den Kriterien Flächengröße und Biotopverinselung, speziell im Siedlungsbereich mit seinen isolierenden Häuserzeilen, Mauern und Straßen, besonderes Gewicht zu. Angesichts der großen Lücken bei der Erforschung der ökologischen Ansprüche der heimischen Schmetterlinge und ihrer Einbindung in Raum und Zeit können zu diesen Fragen aber heute noch keine genauen Zahlen auf den Tisch gelegt werden.

Freilich lassen sich bereits jetzt mit Hilfe von »Analogieschlüssen« einige Zusammenhänge aufzeigen. So weiß man aus vielen empirischen Untersuchungen an den verschiedensten Tiergruppen, daß die Anzahl der Arten, die langfristig in einem bestimmten Biotop überleben können, entscheidend von der Flächengröße abhängt. Praktisch jede Falterart hat ihre Schwelle, ab wann für sie Waldbedingungen herrschen: Manchem »Gehölzfalter«, wie dem Ulmen-Zipfelfalter, reicht bereits ein einzelner Baum; andere brauchen mehr, zusätzlich zum Nahrungsbaum beispielsweise ein waldartiges Mikroklima. Diese Arten werden daher erst in größeren Baumbeständen auftreten. Wieder andere finden sich sogar erst in großflächigen Waldökosystemen (ohne daß die ökologischen Gründe für dieses Verhalten im einzelnen bekannt sind).

Beispielsweise treten die häufigsten elf Brutvögel der Wälder in Feldgehölzen bereits bei Flächengrößen von knapp einem Hektar auf, während manche seltene Arten wie Eulen oder Spechte erst in Gehölzen ab ca. sechs bis acht Hektar Fläche hinzukommen. Bei Schmetterlingen dürften analoge Verhältnisse herrschen.

Jeder Minimalwert der Fläche für eine Artengruppe eines Biotoptyps ist wegen der Störeinflüsse, die von den Rändern her einwirken, stets auch von der Form der Baumbestände (z. B. kreisrund oder eher langgestreckt) und von etwaigen Zerschneidungseffekten (wie z. B. Straßentrassen usw.) abhängig. Die ökologischen Funktionen und der Artenbestand großer, zusammenhängender Wälder können wegen solcher Störeinflüsse und Randeffekte nicht von einer Vielzahl kleiner, nicht zusammenhängender Gehölzinseln übernommen werden. Beispielsweise ist wiederum der Bestand an Vogelarten großer Parkanlagen in der Berliner Innenstadt umfangreicher als der Artenbestand kleiner dortiger Parks, dagegen ist der Artenbestand der relativ ungestörten Berliner Pfaueninsel

Männchen des Großen Kohlweißlings auf Blutweiderich. Das Weibchen hat noch zwei große schwarze Flecken auf den Vorderflügeln.

Die Eier werden immer in Grüppchen abgelegt, gerne auf Kohlpflanzen in Gemüsegärten, wo die Raupen sogar als Schädlinge auftreten können.

Hier haben die Jungräupchen gerade die Eier verlassen.

Die Raupen lassen nur die starken Blattrippen der Kohlpflanzen stehen.

Die Raupen des Großen Kohlweißlings sind sehr oft von Schlupfwespen parasitiert. Sie werden stets von einer Schlupfwespenart befallen, deren Larven gelbe Kokons spinnen, im Gegensatz etwa zu den Raupen des Kleinen Eisvogels. Auf dem Bild bohren sich gerade einige Schlupfwespenlarven aus dem Körper der Raupe, während sich andere bereits in einem gelben Kokon verpuppt haben. Der Große Kohlweißling überwintert als Puppe.

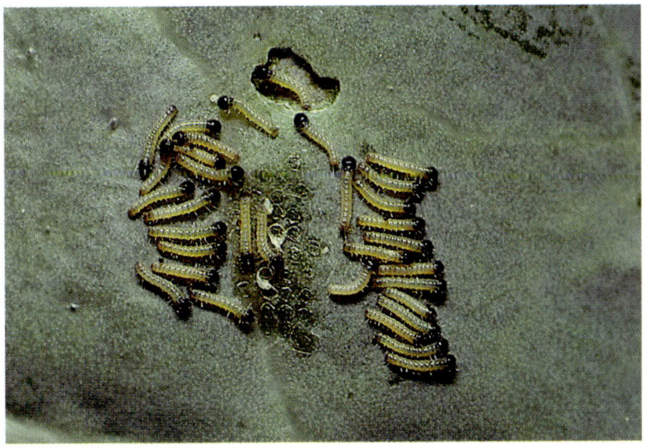

aber größer als der des dreimal so großen Tiergartens, der von mehreren breiten Straßen zerschnitten ist.

Entscheidende Maßnahmen gegen Flächenabbau und -zerschneidungen sind unter den aktuellen Bedingungen in der Stadt sicherlich nur in bescheidenem Umfang möglich. Vorrangigste Aufgabe muß es daher bleiben, große, zusammenhängende Freiräume zu erhalten, erst gar nicht zu zerschneiden oder zu zerstückeln. Hilfreich dürfte jedoch die Vernetzung solcher Parks (Waldreste) sein, um die Isolationseffekte der inselartigen Freiräume wenigstens zu mildern. Von besonderem Interesse werden in diesem Zusammenhang lineare Verbindungselemente wie Alleen oder die uferbegleitende Vegetation der Bäche und Kanäle.

Solche Landschaftselemente werden von einzelnen Insektenarten tatsächlich als Wanderstraße benutzt. Beispielsweise dringt die Grüne Laubheuschrecke in Wien überall, wo Alleen vom Umland bis ins Zentrum führen, bis in die Innenstadt vor und benutzt dabei diese Baumreihen als Leitlinie – wie eine detaillierte Untersuchung belegt hat.

NACHTFALTER: TOD AN DER LATERNE

An Laternen, vor allem am Stadtrand und in Parks, tummeln sich die ganze Nacht hindurch viele Falter. Vom Licht magisch angezogen, flattern Spanner um die Lampe, jagen Eulen in Spiralen, setzen sich nieder mit zitternden Flügeln, um bei der geringsten Störung wieder wild aufzustieben.

Oft werden Laternen zur Falle. Manche Lichtkästen wirken wie Reusen, in denen sich Hunderte toter Insekten ansammeln. Je größer der UV-Anteil der Lichtquelle, desto größer ist die Anziehungskraft auf die Insekten.

Manche Nachtfalter läßt Licht anscheinend völlig kalt, ja einige fliehen es offenbar, die meisten jedoch werden angelockt. Eine Deutung fußt auf der Beobachtung eines häufigen Anflugverhaltens: dem Spiralflug um die Lichtquelle. Man vermutet, daß sich die Falter in der Nacht gewöhnlich an Mond und Fixsternen orientieren. Will er zum Beispiel geradeaus, hält der Falter, um eine Richtung beizubehalten, die Gestirne stets im gleichen Winkel neben sich. Tut er dasselbe mit einer künstlichen Lichtquelle, wird er diese in immer kleineren Bögen umkreisen und schließlich dort auftreffen.

Im Naturschutz wurde bisher die Lockwirkung unserer Beleuchtungskörper zu wenig in Rechnung gezogen. Die Lichterkette einer nächtlichen Straße, das Leuchtfeuer der Flutlichtanlagen von Tennisplätzen und Sportstadien haben beträchtliche Auswirkungen auf die Falterpopulationen der angrenzenden Lebensräume. Nur ein Beispiel: Der »Mainzer Sand«, ein Naturschutzgebiet mit einer einzigartigen Schmetterlingsfauna, wird durch die Lichter der Siedlungen, die sich immer weiter an ihn heranschieben, allnächtlich zur Ader gelassen.

Einmal aus ihrer natürlichen Umwelt herausgelockt, bleiben die Falter am Licht und »vergessen« ihre biologischen »Pflichten« wie Nektarsuche, Partnersuche oder Eiablage. Markierungen beweisen: Die Tiere sitzen oft noch am Tage unter »ihrer« Laterne, sind für die Natur verloren.

Um besonders wertvolle Lebensräume sollten daher schnellstmöglich »Lichtschutzzonen« ausgewiesen werden. Denn viele Populationen sind so klein geworden, daß lokale Vorkommen einer Falterart so buchstäblich erlöschen.

Das Große Nachtpfauenauge ist mit einer Flügelspannweite von bis zu 17 cm Europas größter Schmetterling. Die Weibchen (Bild) besitzen nicht so stark gekämmte Fühler wie die Männchen.

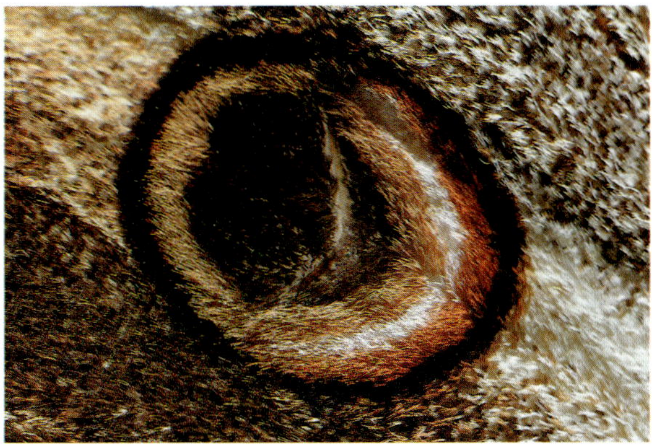

Flügelausschnitt des Großen Nachtpfauenauges.

Die allermeisten Raupen sind völlig harmlos und können bedenkenlos in die bloße Hand genommen werden wie diese riesige, ausgewachsene Raupe des Großen Nachtpfauenauges.

WIENER RIESE WIRFT SCHATTEN

Das Große oder Wiener Nachtpfauenauge ist der größte europäische Schmetterling. Weibchen messen bis zu 17 cm. Nördlich der Alpen kommt es nur an wenigen milden Stellen vor, so z. B. im Elsaß und im Wiener Becken; sein Hauptverbreitungsgebiet liegt südlich der Alpen. Das Große Nachtpfauenauge fliegt im Mai/Juni und kommt auch im Siedlungsraum vor. Die Männchen steuern gerne starke Lichtquellen an und werfen dabei riesige Schatten! Dank ihrer ausgezeichneten »Riechorgane« sind sie in der Lage, Weibchen über mehrere Kilometer Distanz zu orten!

Die Raupen leben vorzugsweise auf Esche, seltener auf anderen Gehölzen wie Schwarzdorn, Weißdorn und Kirsche. Vor der Verpuppung spinnt sich das Tier einen Schutzkokon aus einem über 1 km langen Seidenfaden! Etwa ein Drittel aller Puppen überliegt, das heißt, sie ergeben erst im übernächsten Jahr den Falter.

Die weitverbreitete Abscheu vieler Menschen vor Raupen ist absolut unbegründet. Die allermeisten Raupen sind völlig harmlos und können auch bedenkenlos in die bloße Hand genommen werden. Raupen sind zudem die saubersten Tiere, die man sich vorstellen kann. Selbst der Kot ist völlig geruchlos. Sie eignen sich darum hervorragend als »Haustiere«, vor allem aber auch als Demonstrationsobjekte für Schulzimmer. Kaum ein anderes Lebewesen macht in relativ kurzer Zeit so viele markante Veränderungen durch wie ein Schmetterling. Die Metamorphose vom Ei über die Raupe und Puppe zum Falter ist einer der faszinierendsten Vorgänge in der Natur. Die Aufzucht von Schmetterlingen ist darum ein ideales Mittel, um die Schüler für die Schönheiten der Natur empfänglich zu machen.

Der Raupe des Eichenspinners begegnet man oft auf ihrem Weg zur Verpuppung, wenn sie Straßen überquert. Bei Berührung rollt sie sich sofort ein.

LASST DIE STÄDTE GEPLANT VERWILDERN ...

Die Intensivierung der Wiesen ist Gift für die Schmetterlinge. Wer mit offenen Augen durch die Städte und Dörfer geht, sieht, daß in den Rasen- und Wiesenflächen der Siedlungen fast noch mehr gesündigt wird.

Übertriebene und undifferenzierte Einheitspflege, Düngereinsatz und allzu häufige Mahd auf den meisten Rasenflächen lassen nicht einmal den größten Anpassern unter den Schmetterlingen eine Chance!

Nun ist eine solche Vielschnitt-Rasenpflege für einen Sportplatz oder eine Spielwiese in Parks und Hausgärten durchaus sinnvoll, doch wird sicherlich der größte Teil des öffentlichen Grüns wie auch der Hausgärten nicht für solche oder ähnliche Zwecke verwendet. Diese Flächen nun könnten weithin in Blumenwiesen umgewandelt werden. Freilich wird man mit einem solchen Ansinnen bei manchen Gartenbesitzern und manchem städtischen Amt auf erbitterte Ablehnung stoßen; zu tief sitzt bei vielen Menschen noch die Erziehung, die Ablehnung von Wildkräutern und das Wunschbild vom dunkelgrünen, kurzgeschorenen englischen Rasen.

Allerdings gibt es inzwischen manchenorts positive Ansätze, der Natur auch in der Stadt wieder etwas mehr zu ihrem Recht zu verhelfen. Man läßt bestimmte Rasenflächen wild wachsen und mäht nur noch ein- bis zweimal im Jahr. Dies sind lobenswerte Schritte in die richtige Richtung, auch für den Falterschutz.

Da Wiesenschmetterlinge als Raupe wie als ausgewachsene Falter vor allem krautige und blühende Pflanzen brauchen, genügt es jedoch meist nicht, die Vegetation einfach durchwachsen zu lassen. Zu viele wiesentypische und für die Schmetterlinge wichtige Kräuter haben die jahrelangen Strapazen der »Rasenpflege« nicht überlebt. In solchen Fällen ist es ratsam, standortgerechte Kräuter, soweit sie für die Schmetterlinge wichtig sind, in die Rasen einzusäen. Dazu gibt es im Handel bereits Wiesenblumen-Mischungen, die häufig, aber nicht immer in ihrer Artenzusammensetzung auch mit auf die Bedürfnisse der Schmetterlinge abgestimmt sind. Bei dicht geschlossener Narbe – wie es für die meisten Rasen gilt – hat dieses Saatgut freilich kaum eine Chance zu keimen. Hier muß nach dem Mähen die Rasennarbe vor der Einsaat aufgerissen (Vertikutiergerät) werden. Auf diese Weise entstehen zahlreiche Bodenverwundungen und offene Stellen, in denen das Saatgut aufgehen kann.

Zudem sollten die hohen Nährstoffanteile der Böden verringert, die Flächen also ausgehagert werden, da es oft die Ammonium- und Nitratbelastung der Wiesen ist, welche die Falter zum Rückzug gezwungen hat.

Dieses Ausmagern oder Aushagern von Wiesenflächen läßt sich auf mehrere Weisen bewerkstelligen: zum einen, indem man das Gras wenigstens über mehrere Jahre hinweg möglichst oft mäht und abräumt, ohne zu düngen. Noch besser ist es, den Rasen kurz zu schneiden, dann eine Sandschicht von 3 bis 4 cm Dicke aufzutragen und das durchwachsende Gras im ersten Jahr öfter abzuräumen.

Dort, wo Wiesenflächen neu angelegt werden, sollte im Sinne der Schmetterlinge von Anfang an nur Magerboden (also kein Mutterboden) aufgetragen werden. Damit reduzieren sich auch der Pflegeaufwand und die Pflegekosten erheblich. Auch innerhalb der Siedlungen sollten die Wiesenflächen – abgesehen von Aushagerungsaktionen – erst spät im Jahr, möglichst nicht vor September gemäht werden. Auf größeren Parzellen kann man allerdings Teilflächen früher, nach zeitlich deutlich gestaffelten Mähterminen, abräumen (siehe genauer im Kapitel »Wiese«).

Da städtische Grünstrukturen oftmals Inselcharakter aufweisen, sollten die Wiesen in Siedlungen recht groß sein, und es sollten möglichst durchgehend »Trittsteinbiotope« als Verbindungselemente vom Umland zu diesen Wiesen erhalten bzw. geschaffen werden. Als Korridor für Wiesenschmetterlinge dient vor allem die Ruderalvegetation längs der Wege, Bahndämme oder auch der Fließgewässer.

Der Kleine Heufalter zählt zu den Ubiquisten, d.h. Faltern ohne besondere Lebensansprüche, die fast überall vorkommen. Der Falter fliegt in mehreren Generationen vom Frühling bis in den Spätherbst. Die auf verschiedenen Gräsern lebenden Raupen überwintern.

Der Schornsteinfeger gehört zu unseren häufigsten Faltern, und man findet ihn auch in Gärten. Die Raupen ernähren sich von verschiedenen Gräsern und überwintern.

Selbst mit all diesen Maßnahmen ist nicht sofort mit großen Erfolgen, sprich vielen Schmetterlingsarten zu rechnen. Vielmehr werden sich die Falter erst nach und nach einstellen. Sensationen gar, also die Einwanderung hochgradig gefährdeter Arten, sind allerdings auch nach längerer Zeit in den meisten Städten nicht zu erwarten. Zu widrig sind die Umstände in den Siedlungen, zu anspruchsvoll das Gros der Schmetterlinge.

Mit hoher Wahrscheinlichkeit, und meist recht rasch, werden sich auf solcherart gestalteten Flächen aber immerhin viele typische Wiesenfalter einstellen, die zwar noch nicht in ihrem Fortbestand bedroht, heute allerdings dennoch weitgehend aus dem Stadtbild verschwunden sind: Großes Ochsenauge, Kleiner Heufalter, Brauner Waldvogel, Hauhechelbläuling, Kleiner Feuerfalter, Mauerfuchs und Dunkler Dickkopffalter sind nur einige auffällige Vertreter. Sie bilden überdies eine leicht zu beobachtende Indikatorgruppe für die Rückkehr auch vieler anderer, unscheinbarer Tierarten der Wiesen in unser engstes Wohnumfeld.

NÜTZLICHES »ÖDLAND« IN DORF UND STADT

Die ungenutzten, »verwilderten« Flächen an Bahndämmen, aufgelassenen Straßenbahnstationen, Kanalufern, Straßenböschungen, Industrieflächen usw. sind nicht selten aus Aufschüttungen hervorgegangen. Entsprechend sind die Böden zumeist noch wenig entwickelt, ist die Wasserspeicherkapazität gering. Dies führt zu relativ trockenen Standortbedingungen, die viele Falter bevorzugen.

Eine gewisse Bedeutung kommt solchen Stellen einmal als Nahrungsplatz für Schmetterlinge zu, vor allem, wenn die Flächen sehr blütenreich und obendrein nicht zu kleinflächig entwickelt sind. Außerdem treffen wir hier einen Teil jener Arten wieder (z.B. Kleiner und Mittlerer Weinschwärmer), die auch draußen vor der Stadt zu den typischen Bewohnern ruderaler Stellen zählen. Bereichert wird diese Gesellschaft recht häufig durch Vertreter etwa der Nelkenkapseleulen, der Mönche und Spanner, durch Falter also, die vielfach ihren Siedlungsschwerpunkt in trocken-warmen Biotopen aufweisen.

Für den Schutz dieser Schmetterlinge ist es das beste, wenn die Flächen möglichst über Jahre sich selbst überlassen oder höchstens einmal sporadisch im Herbst gemäht werden. Etwas Bodenbewegung stellenweise und von Zeit zu Zeit schadet freilich auch nicht, da die Ruderalvegetation letztlich aus solchen Veränderungen lebt.

Gefahr droht diesen Biotopen und ihren Faltern vor allem durch Überbauung, etwa bei Straßenverbreiterungen oder auf Bauerwartungsland, sowie durch die Versiegelung mit Asphalt usw.

Ein großes Problem bilden außerdem gärtnerische Gestaltungsmaßnahmen. So haben heute viele Stadtteile und vor allem auch viele Dörfer durch stereotype und landschaftsfremde Eingrünungen fast aller öffentlichen, aber auch der privaten Flächen mit Rasen und Ziergehölzen viel an ihrem historischen Charakter und auch an Lebensraumqualität für die wildwachsenden Pflanzen und freilebenden Tiere eingebüßt. Treffend nennt man diese Entwicklung »Verstädterung der Dörfer«.

Die Messingeule ist einer der auffallendsten Nachtfalter. Die metallisch goldglänzenden Flügel geben dem Falter ein fast »unnatürliches« Aussehen und schützen ihn damit vor dem Zugriff der meisten Vögel. Die Messingeule fliegt nicht selten an beleuchtete Fenster. Die Raupen leben vorwiegend auf Brennesseln, von denen sie zuerst die Brennhaare abbeißen. Man findet die Raupen aber auch auf Wegerich und Löwenzahn.

Der Braune Bär ist einer unserer häufigsten Nachtfalter. Der starkbehaarten braunen Raupe begegnet man sehr oft, wenn sie sich auf dem Weg zur Verpuppung befindet. Sie frißt auf Löwenzahn und anderen niederen Kräutern. Trotz der Warnfärbung auf den Hinterflügeln des Braunen Bären wurde schon beobachtet, wie der Falter von Vögeln gefressen wurde. Der Falter ist also nicht giftig und blufft nur – nicht immer erfolgreich – mit der Warnzeichnung auf den Hinterflügeln.

FALTERSCHUTZ IN UNSEREN HAUSGÄRTEN

Rechnet man die Areale aller Gärten zusammen, so ergibt das eine beachtliche Fläche, die für die Zielsetzung des Naturschutzes nicht ungenutzt bleiben darf. Doch sind die Möglichkeiten, Wertvolles für die Natur zu tun, im engsten Wohnumfeld meist eingeschränkt. Dafür kann der Gartenbesitzer jedoch bei sich frei schalten und walten, ohne erst andere überzeugen zu müssen.

Auch für die Gärten gilt: Natur ist Leben, und Leben braucht Platz, braucht Lebensraum. Daher müssen auch im Garten vorrangig den Schmetterlingen Flächen bereitgestellt werden, die nur extensiv gepflegt und bewirtschaftet werden. Dabei ist bereits jeder Quadratmeter, der einer ungestörten Entwicklung überlassen wird, sinnvoll! Dennoch: Je größer die entsprechenden Flächen ausfallen, desto besser. Die für die Schmetterlinge wichtigsten Elemente oder Lebensraumtypen im Garten sind dabei vor allem

- ungedüngte, einmal im Jahr (September) gemähte, wildblumenreiche Wiesen,
- Bestände aus einheimischen Büschen und Bäumen,
- blühende, duftende Blumenbeete,
- Ruderalvegetation in einer »ungepflegten« Ecke.

Die Schutzziele und Pflegemaßnahmen unterscheiden sich dabei im Garten nicht von denen, wie sie für die beschriebenen, großflächigen Biotope dieser Typen gelten. Als gute Naturgärtner verzichten wir außerdem auf jeglichen Einsatz von Chemikalien im Garten, auf Düngung (außer manchmal in Nutzbeeten) und schließlich unbedingt auch auf Torf, um nicht am Tod unserer Hochmoore mitschuldig zu werden!

TÜCKISCHE LIEBE ZU EXOTEN

Der Birkenzipfelfalter hat einen irreführenden Namen, denn die Raupen leben nur auf Prunusarten wie Schwarzdorn und Zwetschge. Birkenblätter als Futter verweigern die Raupen sogar in Zucht, wenn sie keine Auswahl haben. Der Falter fliegt jedoch sehr gerne um Birken herum, weshalb ihm Linné den Namen *Thecla betulae* gab. Dieser Name verleitete spätere Autoren bis in die heutige Zeit, als Futterpflanze der Raupen Birke anzugeben. Dies ist ein – leider nicht einmaliges – Musterbeispiel, wie falsche Angaben in der Literatur manchmal über Jahrhunderte in naturwissenschaftlichen Werken weitergeschleppt werden.

Der Birkenzipfelfalter schlüpft Anfang Juli, lebt während des Hochsommers sehr verborgen und kann meistens erst an heißen Spätsommertagen Ende August und im September beobachtet werden, wenn er sich plötzlich wie ein dürres Birkenblatt herabfallen läßt. Auch die Eiablage beginnt erst Ende August. Das Weibchen legt die Eier einzeln oder in kleinen Gelegen von bis zu sechs Stück in die Astgabeln kleiner Schwarzdornbüsche. Die Eier überwintern und haben bis zum Frühling oft einen Teil der wabenartigen Oberflächenstruktur eingebüßt. Bei Blattaustrieb des Schwarzdorns schlüpfen die grünen Raupen, die auf dem Laub von Schwarzdorn oder Zwetschge hervorragend getarnt sind.

Leider legt das Birkenzipfelfalter-Weibchen seine Eier jedoch nicht nur auf einheimische Prunusarten, sondern auch auf die in Gärten als Zierstrauch sehr verbreitete Japanische Traubenkirsche mit dunklen, weinroten Blättern; ja dieser Strauch wird den einheimischen Prunusarten wie Schwarzdorn sogar vorgezogen. Das Falterweibchen orientiert sich bei der Eiablage offenbar ausschließlich nach dem Geruch der Pflanze und nicht nach dessen Farbe. Die auf den einheimischen Prunusarten mit durchwegs grünen Blättern hervorragend getarnten grünen Raupen sind auf den dunklen weinroten Blättern der Japanischen Pflaumenkirsche aber von weitem sichtbar und haben kaum eine Überlebenschance. Sie werden stark von Vögeln dezimiert. Dieses Beispiel zeigt eindrücklich die Problematik von exotischen, standortfremden Pflanzen. Sie sind also nicht nur zum Teil ungenießbar wie die Cotoneasterarten, sondern können sogar zur Lockfalle werden, wie z. B. auch die Kanadischen Hybridpappeln für die Raupen des Großen Eisvogels oder des Kleinen Schillerfalters. Die Eier werden darauf abgelegt, doch die Raupen haben keine Überlebenschance, sei es, daß sie darauf zu auffällig sind oder daß das Futter für sie nicht eßbar ist.

Ein Birkenzipfelfalter in Ruhestellung. Darunter die Eier nach der Überwinterung.

Erwachsene Raupe des Birkenzipfelfalters auf Zwetschge.

Eine halberwachsene Raupe auf Japanischer Pflaumenkirsche.

Der Kleine Fuchs zählt zu den bekanntesten und häufigsten Tagschmetterlingen. Man findet ihn fast überall, vom Stadtgarten bis ins Hochgebirge. Der Kleine Fuchs überwintert als Falter und fliegt als einer der ersten Schmetterlinge im Frühling. Der Kleine Fuchs kann bereits im Februar in Höhen von über 2000 m beobachtet werden, wie er sich auf Schneefeldern sonnt.

Das Weibchen legt die Eier in Häufchen von rund 200 Stück an die Blattunterseite von stark besonnten Brennesseln.

Die Raupen des Kleinen Fuchses leben bis zur Verpuppung gesellig.

FALTER IM GARTEN: KAUM PLATZ FÜR RAUPEN

Viele (ungefüllte) Gartenblumen scheinen ausgesprochene Tagfalterblüten zu besitzen: Das ganze Jahr über bieten die Blumenrabatten der Gärten, der Parks und Friedhöfe Nektar. Und da viele Blumen und Sträucher zudem stark duften, herrscht hier auch nachts reges Treiben. Für die meisten der Faltergäste ist der Garten jedoch nur ein Urlaubsort, ganz dort leben können sie nicht.

Mit den Primeln beginnt das Falterjahr. Zusammen mit Bienen und Wollschwebern laden sie die Zitronenfalter zur ersten Nektarprobe ein. Die Zitronenfalter schlüpften im Frühsommer des Vorjahres, hatten eine Ruhepause (Diapause) im Hochsommer und eine zweite im Winter eingelegt, aus der sie an besonders warmen Tagen gelegentlich erwachen. Im Frühjahr wandern sie dann offenbar viele Kilometer weit übers Land und gelangen weitab von ihren Raupenhabitaten auch in die Städte.

Bald blüht auf den weniger gepflegten Rasenflächen der Kriechende Günsel. An ihm saugen zusammen mit dem Zitronenfalter die ersten Weißlinge. Wiesenschaumkraut im Rasen, aber auch die verschiedensten anderen Kreuzblütler an Wegrändern ziehen den Kleinen Kohlweißling oder den Rapsweißling an. Diese Blumen locken nicht allein mit Nektar: Senföl, ihr charakteristischer Inhaltsstoff, signalisiert den Weißlingsweibchen die richtigen Pflanzen für die Eiablage.

Auch der Kohl ist ein Kreuzblütler, in seinem Gefolge wurden der Rapsweißling, Großer und Kleiner Kohlweißling zu Kulturfolgern. Wie manche anderen Tierarten (vom Spatz bis zur Ratte) profitieren sie von der menschlichen Umweltzerstörung, fallen ihr nicht zum Opfer. Der Große Kohlweißling ist im Freiland allerdings regional ausgesprochen selten, als Wanderfalter schwankt sein Auftreten zudem jährlich.

Mit der Blüte des Flieders und der Obstbäume im April und Mai starten die Fledermäuse als gefräßige Insektenjäger auf Falterjagd. Für Nachtfalter ist die Obstbaumblüte die erste ganz große Nektarquelle des Jahres in Siedlungsnähe. Eine Fülle von Eulen und Spannern schwärmt um die Blüten. Es sind Frühjahrsfalter aus der Wipfelregion der Laubmischwälder (mit Holzapfel, Holzbirne und Wildkirsche), der Waldränder und Hecken (mit Traubenkirsche und Schlehe).

Im Sommer wird das Treiben an duftenden Blüten immer bunter: Tagsüber saugen Kleiner Fuchs, Weißlinge, Zitronenfalter und Tagpfauenauge an Minze, Oregano, Lavendel und Sommerflieder, während nachts an den gleichen Blüten Hausmütterchen, Gamma- und Messingeule, viele Arten von Trauer- und Blütenspannern schwirren. Geißblatt, Jasmin, Phlox und viele Nelken sind auf Nachtfalter spezialisiert: Sie duften nur nachts.

Werden im September die Tage wieder kühler, fallen auf Tagetes und den großen Stauden der Astern plötzlich unzählige Falter nur weniger Arten ein: Tagpfauenauge, Kleiner Fuchs und Admiral. Dazwischen schwirren bei nicht allzustarkem Sonnenschein noch Gammaeulen. Nach einigen Tagen ist das Schauspiel vorbei. Es waren Wandertrupps, die im Garten nur eine Rast einlegten. Im Freiland bieten auch Wasserdost und Goldrute den Durchzüglern eine Zwischenmahlzeit.

Nur wenige Tagfalterweibchen finden in Gärten und Parks geeignete Orte zur Eiablage. Ihren gesamten Lebenszyklus wickeln hier neben den vorne genannten Weißlingen nur der Nierenfleck und der Pflaumen-Zipfelfalter ab, deren Raupen an Zwetschgen- und Pflaumenbäumen leben. An Efeu, Kornelkirsche und Hartriegel ist die Raupe des Streupunkts als eine der wenigen gehölzfressenden Bläulingsraupen Mitteleuropas anzutreffen. Sporadisch zeigen sich schließlich Schwalbenschwanzraupen im Möhrenbeet. Die meisten Schmetterlinge, die um Gartenblumen flattern, lebten als Raupe anderswo. All die Nessel- und Distelfreunde – Tagpfauenauge, Kleiner Fuchs, C-Falter, Admiral, Distelfalter – bleiben als Raupe oft dem Garten fern, wenn auch diese »Unkräuter« heute dort sprießen dürfen. Die Tagfalterweibchen sind sehr wählerisch bei der Eiablage.

Ganz anders die Nachtfalter: Unter ihnen sind erstaunlich viele Arten samt Raupen in Gärten heimisch. Allen voran die Gehölzfresser. Der im Freiland eher seltene Wacholderspanner entwickelt sich gerne am Zierwacholder der Vorgärten, der kleine Spinner *Cilix glaucatus* an Zwetschge und Pflaume. Die Raupen des Kleinen Frostspanners leben in oft beachtlicher Zahl an Obstbäumen, Haselsträuchern und Weißbuchenhecken. Sie sind die Nahrung und damit Lebensgrundlage für die meisten Gartenvögel. Als Gehölzfresser sind Spinner, Eulen und Spanner auch in den Innenstädten allgegenwärtig: auf Friedhöfen, in alten Alleen oder Parks.

Schwerer haben es die an Wurzeln oder Blättern von Kräutern lebenden Eulenraupen: Sie müssen oft mit Pestiziden kämpfen. Und doch: Selbst in Balkonkästen und Blumentöpfen tauchen regelmäßig die Achateule, die Kohleule und viele andere auf. Sie sind so gut getarnt, tagsüber so gut versteckt, daß kaum ein Blumenliebhaber sie je entdeckt.

Der Große Frostspanner fliegt erst ab Oktober/November, nach den ersten Frösten. Die Männchen fliegen oft an beleuchtete Fenster, die Weibchen dagegen sind flügellos. Die Raupen leben auf verschiedenen Laubbäumen und können bei Massenvermehrung gelegentlich Schäden anrichten.

Der Birkenspanner tritt in einer dunklen und einer hellen Form (Bild) auf. In England konnte beobachtet werden, daß in Gegenden mit starker Verrußung und dementsprechend dunklen Birkenstämmen sich die dunkle Form durchsetzte und die helle Form verschwand (Beispiel für Evolution). Als die Rußbelastung abnahm und die Birkenstämme wieder ihre natürliche helle Farbe hatten, herrschten die hellen Tiere nach kurzer Zeit wieder vor.

Die Graswurzelfresser wie die Gemeine Graseule, die Saateule oder die Getreidewurzeleule schließlich finden auf den ausgedehnten Rasenflächen der Freizeitgelände oft beste Lebensbedingungen.

Bei den meisten Gartenschmetterlingen handelt es sich jedoch um noch weit verbreitete Allerweltsarten – eine Analogie zu Anpassern unter den Vögeln wie Amsel oder Kohlmeise.

UFER

Schützt den Wildwuchs am Wasser

FALTER-REFUGIEN IN RIED UND RÖHRICHT

Beim Anblick der zerbrechlichen Gaukler im Sonnenlicht kommt wohl kaum ein Beobachter auf den Gedanken, daß es auch Wasserschmetterlinge geben könnte. Und doch haben die Falter auch diese Biotope erobert, vor allem in den Tropen, aber auch bei uns. Immerhin sechs Arten der Kleinschmetterlinge (samt und sonders Vertreter aus der Familie der Zünsler) fanden den Weg unter die Wasseroberfläche. Dem Namen nach bekannt dürfte der Seerosenzünsler sein, vielleicht auch noch der Teichlinsenzünsler.

Als Larve leben diese Schmetterlinge in den Beständen der Schwimmblatt- und Laichkrautgürtel: an der großen Teichlinse vor allem der Teichlinsenzünsler; an den Schwimmblättern verschiedener Laichkrautarten, des Wasserknöterichs, der See- und Teichrosen der Seerosenzünsler; an untergetaucht wachsenden Pflanzen wie Hornblatt, Nixkraut oder verschiedenen Laichkrautarten die übrigen Vertreter.

An den Laichkraut- und Schwimmblattgürtel schließt sich im naturbelassenen Biotop landeinwärts vielfach die Lebensgemeinschaft der Röhricht- und Riedbewohner an. Auch bei diesen handelt es sich um eine relativ artenarme Gruppierung, allerdings können einzelne Vertreter davon in guten Biotopen geradezu in Massen auftreten. Die relative Artenarmut dieser »Schilffalter-Fauna« ist vielleicht darauf zurückzuführen, daß es nur wenige Arten geschafft haben, als Raupe die durch eingelagerte Kieselsäure verstärkten und damit nur schwer angreifbaren Röhrichtpflanzen zu knacken. Wem dies jedoch gelungen ist, der findet einen reichgedeckten Tisch vor und kann entsprechend häufig werden. Allerdings gibt es – wie überall in der Natur – auch für die Raupen dieser Arten ökologische Engpässe, die gewährleisten, daß die Röhrichtfalter sich nicht unmäßig vermehren und den Schilfbestand zerstören.

Die Schadwirkung wird durch einen interessanten Umstand begrenzt: Um von einem Wirtshalm auf den nächsten zu gelangen, laufen die Tiere über die Blätter. Ist der Pflanzenbesatz zu gering, knicken die Blätter, und die Raupe stürzt ins Wasser. Also »schützen« die Schmetterlingsraupen ihre Futterpflanzen!

Noch mehr beschränkt die Verfügbarkeit der Nahrung eine Tierart. Und so ist nicht jede Schilfpflanze im Röhrichtgürtel für einen Schilffalter eine geeignete Pflanze für die Eiablage. Ein Beispiel: Die Raupe der Schilfeule *Rhizedra lutosa*

verpuppt sich im Boden. Im äußeren, überschwemmten Teil des Röhrichtgürtels käme sie in eine prekäre Lage, nur ein nicht überschwemmter Standort ist zur Eiablage geeignet.

Arm an Arten sind die Röhrichte und Riede zudem, weil es in diesen Pflanzengürteln kaum blühende Kräuter gibt. Damit werden solche Vegetationsbestände für die Nektarsauger uninteressant. Umgekehrt bedeutet dies, daß sich die Röhrichtfalter spezielle Nahrungsquellen erschließen mußten. Eine Schlüsselrolle spielen dabei in erster Linie die Blattläuse, von denen ebenfalls einzelne Arten auf Röhrichte spezialisiert sind. Zur Zeit der Schilfblüte erleben diese Blattläuse eine wahre Bevölkerungsexplosion und sind dann durch ihren Honigtau die wichtigste Ernährungsgrundlage für die Schilfschmetterlinge und als Beute ebenso für zahlreiche Blattlausjäger, wie beispielsweise die Larven der Schwebfliegen und Florfliegen, für Wespen und Marienkäfer.

Die zweite bedeutsame Nahrungsressource für die Röhrichtschmetterlinge stellt der zuckerhaltige »Schweiß« bestimmter Pflanzen der Röhrichte dar, des Wasserschwadens etwa und weiterer *Glyceria*-Arten. Ob Honigtau oder »Gräserschweiß« – immer ist die Nahrung leicht zugänglich. Entsprechend fehlt den Röhrichtfaltern der für die Schmetterlinge sonst so typische lange Saugrüssel. Ihre Mundwerkzeuge sind vielmehr meist eher kurz.

Typische und hochspezialisierte Vertreter der Faltergemeinschaft der Röhrichte und Riede sind vor allem die Schilfeulen der *Mythimna*-Gruppe, Rohreulen der Gattung *Nonagria* und *Archanara,* Spinnerfalter wie das Gelbbein oder der Rohrbohrer, Schilfwickler wie *Orthotelia sparganella.* Spanner dagegen fehlen in Röhrichten.

Schmetterlinge der Übergangsbereiche von Land und Wasser finden sich aber nicht nur in Röhrichten, sondern auch dort, wo sich auf den vom Hochwasser angelandeten oder freigeschürften Rohböden Pestwurzbestände ausdehnen. Hängende und welkende Blütenköpfe der Pestwurz im Frühjahr weisen dem Kundigen sehr schnell den Weg zur Raupe der Pestwurzeule. Intensive Suche fördert dort meist noch die Raupen weiterer Eulen, etwa der Kletteneule, zutage.

Und noch einen weiteren wichtigen Falterlebensraum finden wir an der Grenze zwischen Wasser und Land. An manchen naturbelassenen Uferabschnitten, aber auch dort, wo der Bauer die Wiesennutzung nicht bis hart an das Ufer ausgedehnt hat, begleitet vielfach ein Band von Hochstauden die Wasserkante. Soweit diese Säume nicht regelmäßig gemäht werden und flächenmäßig nicht zu klein ausfallen, treffen wir hier gelegentlich auch gute Bekannte aus den verbrachenden Feuchtwiesen wieder, etwa den Schwarzblauen Bläuling und den Großen Moorbläuling am Großen Wiesenknopf oder den Schwarzbraunen Bläuling am Sumpfstorchschnabel. Eine außerordentlich wichtige Rolle kommt diesen blütenreichen Säumen außerdem als Nahrungsrefugium oder als Übergangstracht nach der Mahd zu, wenn sich dann hier für Wochen die Schmetterlinge großer Bereiche konzentrieren.

Allein dies unterstreicht die Dringlichkeit der Forderung, solche Staudensäume möglichst nicht gleichzeitig mit der Wiese, sondern höchstens zeitlich deutlich gegenüber der Heuernte versetzt, abzumähen.

Saubere Gewässer mit einer natürlichen, intakten Ufervegetation bilden einen Lebensraum für ganz bestimmte Schmetterlingsarten, die sonst nirgends vorkommen.

Der Geschwänzte Bläuling fliegt gerne entlang natürlicher Wasserläufe. Der Falter ist in den letzten Jahrzehnten sehr selten geworden. Das Weibchen legt die Eier in die meist noch nicht ganz geöffneten Blütenköpfe des Rotklees. Die Raupen ernähren sich ausschließlich von den Blütenblättern. Sie verpuppen sich zu einer behaarten Gürtelpuppe.

WASSERZÜNSLER: MANCHE MÖGEN'S NASS

Schon früh am Abend flattern Wasserfledermäuse dicht über Teiche und Bäche hin. Mit der Dämmerung erwachen nicht nur die ersten Nacht-Insekten, es gibt auch ausgesprochene Dämmerungsarten, meist Eintags- und Köcherfliegen. Und zwischen den Myriaden dieser sirrenden feingliedrigen Geistertierchen flattern zarte, schlanke Schmetterlinge. Es sind kleine Wasserzünsler, die im Juli in hellen Wolken über die abendliche Wasseroberfläche schwärmen und deren Raupen unter Wasser leben!

Selten sind sie nicht, aber selbst Liebhabern oft zu unscheinbar. Der weit verbreitete Seerosenzünsler ist in Gewässern mit Schwimmblattpflanzen zu Hause. Da seine Raupe auch Laichkräuter, Wasserknöterich und Seekanne frißt, bewohnt die Art die verschiedensten Gewässer: Kiesgruben, Teiche, See-Buchten, Altwasser.

Wie schafft es die Raupe, im Wasser zu überleben? Während ihres ersten Entwicklungsstadiums steckt sie in der Futterpflanze, später erst lebt sie frei und trägt schließlich, wie die Köcherfliegen auch, einen schützenden Köcher mit sich herum. Bis zur zweiten Häutung bleiben ihre Atemöffnungen verschlossen: Dem kleinen Räupchen genügen jene kleinen Mengen Sauerstoff, die von selbst per Druckausgleich aus dem Wasser durch die Haut in das Tier »diffundieren«. Nimmt das Tier an Größe zu, reicht diese Hautatmung nicht mehr aus. Ab der zweiten Häutung, die Raupe ist nun etwa 1 cm lang, atmet die Larve Luft über ihre Tracheen und Atemöffnungen ein. Da kein Wasser in die Atemöffnungen dringen darf, muß das Tier jetzt in einer Luftglocke leben. Dazu wird die Haut mit jenem Wachs imprägniert, mit dem die Raupe auch die Oberseite der Schwimmblätter ihrer Nahrungspflanze wasserabweisend machte.

Die wasserabweisende Haut ist von einem silbrigen Schimmer überlagert, dem Luftfilm, dessen Sauerstoffanteil veratmet werden kann. Daß der Wasserdruck den dünnen Luftfilm nicht zusammendrückt, dafür sorgen haarförmige Auswüchse. Allein der Kopf und zwei Segmente sind nicht wasserabweisend, damit die Raupe wenigstens den Kopf in das Wasser strekken und an ihre Nahrung gelangen kann.

Auch die Puppe lebt unter Wasser. Die Raupe hatte ihren Köcher am Stengel oder einer Blattunterseite ihrer Wirtspflanze befestigt und in seinem Innern einen Seidenkokon gesponnen. Zwei Wochen später schlüpft der Falter: unter Wasser! Er bahnt sich mühsam seinen Weg aus Seidenkokon und Köcher. Der Auftrieb trägt ihn in der Luftglocke nach oben – und in einer Wolke von sofort abfallenden Schuppen platzt der Wasserschmetterling in die Freiheit. So leicht ist der Falter, daß das Wasser ihn trägt. Er entfaltet seine Flügel, pumpt sie auf und flattert davon. Der Flug führt ihn in die Vegetation am Ufer, wo er sich tagsüber verborgen hält. Mit dem Kopf nach unten sitzt er auf der Unterseite von Halmen oder Blättern, fliegt nur auf, wenn er gestört wird.

In der Sonne verliert der zarte Körper zu schnell Wasser, so sucht der Seerosenzünsler an warmen Tagen zuerst Tautropfen oder Blütennektar. Erst abends, wenn die Luft mit Feuchtigkeit gesättigt ist, wird der Falter aktiv.

Bei fünf der mitteleuropäischen Wasserzünsler leben die Falter in der Luft. Die unglaubliche Biologie des kleinen unscheinbaren Zünslers *Acentropus niveus,* lange als Köcherfliege angesehen, ist die Ausnahme von der Regel. Die Weibchen leben unter Wasser und strecken bestenfalls einmal ihren Hinterleib aus dem Wasser heraus, um mit Hilfe ihrer Pheromondrüsen die Männchen anzulocken und sich dann begatten zu lassen!

Diese Weibchen sind wie viele andere Insekten ans Wasserleben angepaßt: die Beine sind zu Ruderbeinen abgeplattet, ein dichter Saum steifer Borsten vergrößert noch die Ruderfläche; die Flügel sind zu kleinen Ruderplättchen reduziert. Nur selten schlüpfen auch einmal geflügelte Weibchen, so daß Ausbreitung, Neu- oder Wiederbesiedlung von Gewässern nicht ganz ausgeschlossen sind.

Der Seerosenzünsler ist ein typischer Wasserschmetterling. Die Raupe lebt im Wasser auf bzw. in Seerosen, Teichrosen und Laichkraut.

VERBAUT, TROCKENGELEGT UND VERSCHMUTZT . . .

Betrachtet man alte Karten, so wird einem schlagartig klar, wie viele kleinere und mittelgroße Stillgewässer, wie viele Weiher, Teiche und Tümpel einst die Landschaft bereicherten und heute vernichtet sind. Fast kein Meßtischblatt, auf dem nicht wenigstens die Hälfte dieser Gewässer im Lauf der letzten 20, 30 Jahre aufgeschüttet oder eingeebnet wurde. Die »Spitzenwerte« an dieser Naturverhunzung liegen sogar in Größenordnungen von 80 bis 100 Prozent innerhalb weniger Jahrzehnte.

Es bedarf keiner großen Rechenexempel, um den Beweis zu führen, daß mit der Vernichtung dieser Lebensräume auch die wasserabhängige Wasser- und Verlandungsvegetation zerstört und damit deren Schmetterlingsgesellschaften ausgerottet wurden. Doch damit nicht genug: Auch im Uferbereich der Fließgewässer, wo diese Falter ebenfalls heimisch sind, fanden gravierende Veränderungen statt. Denn 4169 von 6576 Kilometern Flußlänge, die es in der Bundesrepublik Deutschland einschließlich Westberlins gibt, also immerhin rund zwei Drittel der Gesamtlänge, sind heutzutage für die Schiffahrt ausgebaut – kanalisiert.

Eine Großlibelle hat einen Braunen Würfelfalter erbeutet. Bei größeren Schmetterlingen trennen die Libellen bereits im Flug die Falterflügel ab und fressen nur den Leib des Falters. Der Braune Würfelfalter bildet in der europäischen Tagfalterfauna eine eigene Familie. Die Raupe lebt auf Primeln und verpuppt sich zu einer behaarten überwinternden Gürtelpuppe.

Der Russische Bär ist ein am Tag fliegender Nachtfalter, der stellenweise, vor allem in südlichen Alpentälern, recht häufig ist. Seine bevorzugte Nektarpflanze ist Wasserdost. Nicht selten finden sich mehrere Falter auf der gleichen Blüte ein. Die Raupen sind polyphag, d.h. sie fressen auf den unterschiedlichsten Pflanzen wie Brennessel, Holunder, Vergißmeinnicht und andern niederen Kräutern. Die Jungraupen überwintern.

Der Purpurstreifige Kleinspanner, ein Nachtfalter mit nur 2 cm Flügelspannweite, fliegt gerne an Gewässern. Die Raupe lebt auf verschiedenen niederen Pflanzen, insbesondere auf Wegerich-arten.

Der Rest bleibt ebenfalls nicht von baulichen Veränderungen verschont. Wie auch bei großen Teilen der Seeufer, so hat der Wasserbau hier ebenfalls die natürliche Ufergestalt verändert, die Ufervegetation zur Sicherung und zum Hochwasserschutz durch Stein-, Zement- und Bitumenbefestigungen in großem Umfang vernichtet.

Und auch den Bachrändern ging es bald an den Kragen: Allein von 1960 bis 1970 wurden 25 000 Kilometer kleinerer Bachläufe ausgebaut! Daß da heutzutage noch einige naturnahe Bachabschnitte in den Mittelgebirgen zu finden sind, muß angesichts solcher Zahlen geradezu verwundern. Freilich ist auch der Bestand der letzten naturnahen Bäche noch längst nicht gesichert.

Ein Ausbau der Fließgewässer bedeutet im Regelfall empfindliche Einbußen für die Röhrichte und Schwimmblattzonen und ihre speziellen Schmetterlingsgesellschaften, zumal diese Biotope sowieso nur an ruhigen Unterläufen auftreten bzw. wo starke Strömungen fehlen. Schlimm ist schon die Uferbefestigung selbst, die bereits große Flächenanteile beansprucht. Noch schlimmer sind aber die Verluste an Flächen hinter den Befestigungen, an Uferstreifen, die früher der Flußdynamik ausgesetzt und damit mit Röhrichten und Rieden oder aber mit Auwäldern bestockt waren. Nach der Befestigung fielen sie trocken und wurden in der Regel in Kulturland umgewandelt. Und schließlich nimmt nach dem Gewässerausbau die Strömungsgeschwindigkeit der Fließgewässer zu, der Bach/Fluß gräbt sich tiefer und entwässert damit das engere Umland stark.

Mit dieser knappen Problemskizze sind die wichtigsten, keineswegs aber alle Schadfolgen genannt, die den Faltern der Uferbiotope und ihren Lebensstätten drohen. Am Beispiel der Pestwurzeule wurden die Ursachen für das Verschwinden dieser Art genau untersucht: Anlage von Teichen (40 Prozent der Biotopzerstörung), Bebauung (25 Prozent), Monokulturen (20 Prozent), Düngung (10 Prozent), Trockenlegung (5 Prozent).

Außer durch bauliche Maßnahmen werden die Biotope durch die inzwischen allgegenwärtige Gewässerverschmutzung erheblich in Mitleidenschaft gezogen. Dies gilt natürlich ganz besonders dort, wo giftige Abwässer und hohe Salzbelastungen mancherorts alle Pflanzenbestände vernichten oder erst gar keine Wasser- und Verlandungsvegetation aufkommen lassen. Das gilt auch, wenn Gewässer erheblich organisch verunreinigt sind, egal ob durch Abwässer der Siedlungen, durch Jauche oder durch eingeschwemmte Düngemittel. Von Übel sind dabei speziell die Phosphate und Nitrate. Vor allem der Phosphor regt im Wasser nämlich das Schilf zu raschem Wachstum an. Dabei schießen die Halme in die Höhe, ohne gleichzeitig auch in die Breite zu gehen. Außerdem wird im Halm auch nicht im notwendigen Umfang Stützgewebe gebildet, das diesem erst die notwendige Stabilität verleiht. Daher werden die Halme gegen die mechanische Beanspruchung wie Wellengang, Treibgut oder das Gewicht anhängender Algen sehr anfällig und knicken entsprechend leicht ab. Geknicktes Schilf aber stirbt ab.

Zählte Phosphor, wie übrigens auch Ammonium und Nitrat, von Natur aus eher zu den Mangelfaktoren in den Gewässern, änderte sich die Situation in den letzten 30 Jahren gewaltig. Intensive Bodendüngung mit der damit verbundenen Ausschwemmung wesentlicher Düngermengen, dazu das Einwehen von Feinerde aus den flurbereinigten Feldern und anderes mehr reicherten diese Stoffe in den Gewässern an. Mitentscheidend für die hohe Phosphat-Schmutzfracht ist auch der Siegeszug der Waschmaschine. Die Phosphatanteile in Waschmitteln stiegen von zwei Prozent im Jahre

1954 auf 35–46 Prozent im Jahre 1974! Und mit nur geringer zeitlicher Verzögerung folgte diesem Vormarsch der Phosphate (und Nitrate) ein auffälliges Schilfsterben in Mitteleuropa Mitte der siebziger Jahre! Hier hat jetzt endlich ein Wandel begonnen. Phosphat wird reduziert.

Wie verheerend die Überdüngung der Gewässer und die mechanische Strapazierung der Röhrichte zusammenspielen können, zeigt eine Studie an der Havel in Westberlin. Dort ist in den sechziger und frühen siebziger Jahren durch Gewässerverschmutzung, durch den Wellenschlag der Motorboote, durch ungeordneten Badebetrieb und durch Angelei im Röhricht in einer Zeitspanne von lediglich zehn Jahren rund die Hälfte des gesamten Röhrichtbestandes vernichtet worden. Ehemals geschlossene Röhrichtgürtel lösten sich dabei in einzeln stehende, mehr oder weniger kleine Horste auf, die dann noch leichter angreifbar für die genannten Schadfaktoren waren.

Es wäre zu erwarten, daß mit der Reduzierung von Schilfflächen auch die Artenzahl pro Bestand abnimmt. Doch die Abnahme erfolgt überproportional, eben wegen jener Arten, die auch im großen Bestand nur kleine Populationen bilden. Für viele solcher Arten sind vereinzelte Schilfflächen winziger Feuchtgebiete kein Ersatzbiotop für den großen, zusammenhängenden Röhrichtgürtel natürlicher Gewässer.

Die Raupen von *Nonagria maritima* verpuppen sich im Schilfhalm. Für die Eiablage sind bei dieser Art gleich eine Reihe von Kriterien zu erfüllen: Es müssen mindestens 60–70 Schilfhalme am Platz der Wahl, höchstens jedoch dürfen 150 Halme pro Quadratmeter stehen, und der Standort darf nicht von Wasser überflutet sein. Daher bleibt diese Art von Natur aus selten. Gerade diese kleinen Populationen, die große Flächen für ihr Leben benötigen, sind besonders gefährdet.

Wer auf schwankendem Rohr lebt, muß sich gut festhalten. Raupen, die im Substrat, im Mark eines Halms sich einnisten und ernähren, sichern sich nicht nur gegen den Absturz ins Wasser, sie bleiben auch tagsüber für ihre Feinde unsichtbar. Besetzte Halme sind an ihren leicht gelblichen Blättern zu erkennen.

Beim Storchschnabelbläuling sind beide Geschlechter einfarbig braun, das Weibchen besitzt teilweise noch kleine orange Randflecke. Die Eier werden an die Basis des Griffels von Sumpfstorchschnabelblüten gelegt. Die Jungraupen ernähren sich im Griffel der Blüte und überwintern. Nach der Überwinterung nagt die Jungraupe den Blattstiel des Storchschnabels an, so daß das Blatt abknickt und ein Dach bildet. Unter diesem Dach lebt die Raupe und frißt den Blattstiel weiter ab.

FALTERSCHUTZ IN DEN UFERZONEN

Der Schutz der Schmetterlinge in Uferbereichen hängt nach der eben skizzierten Risikoanalyse vor allem von zwei Komponenten ab. Einmal davon, daß die Gewässer nicht zu stark verschmutzt sind, und zum zweiten, daß man an geeigneten Stellen möglichst große Flächen von anderen Nutzungen freihält, so daß die Röhrichte und Schwimmblattgesellschaften in ausreichender Bestandsgröße gedeihen oder sich neu ansiedeln können.

Trotz mancher Fortschritte in den letzten Jahren darf nicht damit nachgelassen werden, nach wie vor auf eine Verbesserung der Wasserqualität in den großen Fließ- und Stillgewässern zu pochen, vor allem auf die Phosphatfällung in den Klärwerken! Selbst so behandeltes Wasser zeitigt aber noch einen gewissen Düngeeffekt, da in Kläranlagen höchstens 90 Prozent der gelösten Phosphate gefällt werden können. Unverzichtbar ist daher eine drastische weitere Verminderung der Phosphatzusätze in Wasch- und Reinigungsmitteln.

Daß die heute noch vorhandenen Bestände mit ausgedehnten Röhrichten oder Schwimmblattzonen auf Dauer zu sichern sind, sollte sich von selbst verstehen. Dies bedeutet vor allem Abwehr von Ausbauten, Straßenbauvorhaben sowie Siedlungsbauten an Ufern, aber auch die Steuerung des Bade- und Bootsbetriebes an und in größeren Seen.

Der Uferrand soll möglichst lang und vielgestaltig ausgebildet sein, begleitet von ausgedehnten Flachwasserbereichen. Wesentliche Teile der Ufer sollten auf einer Höhe von jeweils einem Meter über und unter dem mittleren Wasserstand eine Neigung von etwa 1 : 10 aufweisen. Dadurch werden sowohl dem Röhricht wie auch den Schwimmpflanzen gute Bedingungen für eine Ansiedlung geboten.

Außerdem müssen naturnahe Kleingewässer in großer Zahl neu geschaffen werden, um die Verluste der vergangenen Jahrzehnte wenigstens zum Teil abzufangen. Wo keine Siedlungen gefährdet sind, was wohl für den größeren Teil der Fluß- und Bachstrecken zutrifft, sollten die Sünden der Vergangenheit behoben werden und massive Uferausbauten wieder abgerissen und durch moderne Lebendbaumaßnahmen ersetzt werden.

In verbauten Fließgewässern lassen sich zudem nachträglich Sohlen und Querschnitt verbreitern, dann bleibt im Saumbereich der Gewässer wieder verstärkt Boden hängen, die Uferabschnitte werden naturnäher, und die Schmetterlinge samt ihrer Pflanzengesellschaften finden eine neue Heimstatt.

Neben wenigen Spinnern sind es vor allem Eulen, deren Raupen an oder in Schilf leben. Die meisten Eulenraupen verpuppen sich tief in der Erde, in der Bodenstreu, unter Steinen oder in Moospolstern. Einer Raupe im überschwemmten Röhricht bleibt da als fester Untergrund nur der Halm der Futterpflanze und deren Inneres.

Die Höckereule (oben) hält sich gerne entlang von Bächen auf. Die Raupe lebt auf Eisenhut.

Das Bild rechts zeigt eine von Schlupfwespenlarven ausgezehrte Raupe der Erbseneule, einem auch im Siedlungsraum recht häufigen Nachtfalter. Die Raupen leben vorzugsweise auf Kleearten. Sie treten in zwei Farbvarianten auf, mit gelb-grünen oder gelbbraunen Längsstreifen.

Die Langhornmotte (links außen) hat einen langsamen, hüpfenden Flug. Die Art fliegt tagsüber im Mai/Juni, vorzugsweise entlang von Gewässern. Die Fühler der Männchen erreichen die fünffache, jene der Weibchen die doppelte Flügellänge.

Der Brennesselzünsler (links oben) ist an allen Standorten der Raupenfutterpflanze häufig. Die Raupe lebt in eingerollten Blättern, sie überwintert in einem Gespinst am Boden unter dürren Blättern.

Die Raupe der Grasglucke (links unten) frißt harte Gräser wie Segge und Schilf. Morgens trinkt sie gerne Tautropfen, weshalb sie auch den Namen Trinkerin hat.

MOORE

Rettet die letzten Relikte

REICH GEGLIEDERT AUF NASSEM UNTERGRUND

Lebende Hochmoore sind mächtige, prall mit Wasser gefüllte »Schwämme« aus Torfmoospflanzen (Sphagnen), die sich bis zu vier, sechs Meter Höhe uhrglasförmig über die Umgebung erheben. Hochmoore brauchen ganz bestimmte standörtliche und klimatische Bedingungen, um überhaupt entstehen und wachsen zu können. Eine dieser Grundvoraussetzungen bildet ein nasser Untergrund, sei es nun ein verlandender See oder ein sonstiges sumpfiges Gelände. Dann muß in der entsprechenden Region im Durchschnitt mehr Regen fallen, als Wasser verdunstet oder abfließt. Und schließlich müssen sich die Niederschläge relativ gleichmäßig über das ganze Jahr verteilen.

Solche klimatischen Bedingungen herrschen in Mitteleuropa vor allem im Nordwestdeutschen Tiefland, in regenreichen Mittelgebirgslagen sowie in vielen Teilen der Alpen und des Alpenvorlandes. Entsprechend bildeten sich Hochmoore auch nur dort aus.

Die Hochmoore werden ausschließlich durch Regenwasser gespeist. Man bezeichnet sie daher auch als »ombrogen«, als regenbürtig. Im Unterschied dazu ist die Vernässung der Flach- oder Niedermoore auf »Versumpfung« zurückzuführen, also durch die Gestalt der Böden bedingt. Flachmoor-Standorte werden, wo sie der Mensch in Ruhe läßt, meist von Bruchwäldern, Schilffeldern oder Seggenwiesen eingenommen. Übergänge zwischen Flach- und Hochmooren schließlich bezeichnet man als Zwischenmoore.

Das typische nordwestdeutsche (atlantische) Hochmoor weist im nicht gestörten Zustand einen baumfreien Zentralteil auf, der im wesentlichen von Torfmoosen gebildet wird. Daran schließt sich nach außen ein Moorheidestadium sowie Pfeifengras als Rand an. Schließlich wächst am Fuße dieses »Randgehänges«, im dortigen Sumpf (Lagg), der von dem Wasser gebildet wird, das aus dem hochgewölbten Moor abläuft, häufig ein Kiefern-Birken-Wald, der reich ist an Heidekraut, Rauschbeeren und anderen Zwergsträuchern.

Im Unterschied zu den atlantischen Moortypen sind Torfmoos-Hochmoore unter kontinentalen Bedingungen oder im Bergland meist bewaldet. Besonders markant sind die Spirken- und Kiefernmoore der süddeutschen Mittelgebirge.

Hochmoore verdunsten sehr viel Wasser, sogar mehr als gleich große Seen. Dieser Verdunstungsprozeß beansprucht erhebliche Mengen an Wärmeenergie, welche ihrerseits der Umgebung entzogen und dort als Verdunstungskälte spürbar wird. Dieser Verdunstungsprozeß ist nicht nur die Ursache für die häufigen Nebel in Moorlagen, sondern auch der Grund dafür, daß es im Moor und um das Moor herum im Jahresdurchschnitt deutlich kühler ist, als es dort eigentlich sein dürfte. Fröste im Mai und Juni, selbst in mancher klaren Sommernacht, sind im Hochmoor durchaus keine Seltenheit. So gesehen bilden diese Biotope Kälteinseln in Mitteleuropa, mit einem Klima wie in Nordeuropa oder im Hochgebirge.

Diese klimatischen Phänomene liefern einen wichtigen Schlüssel zum Verständnis der heutigen Tier- und Pflanzenwelt der Hochmoore. In tieferen Lagen finden wir dort eine ganze Reihe von Reliktfaltern, die heute auf einige wenige, weit voneinader entfernte, also stark isolierte Siedlungsinseln beschränkt sind. Während der Eiszeit waren diese Schmetterlinge dagegen in Mitteleuropa recht weit verbreitet und bewohnten damals die eisfreien Gebiete, die mit der Vegetation der Tundra und Taiga bewachsen waren. Mit dem Rückgang der Gletscher und dem allmählichen Ansteigen der Temperaturen verschwanden sie in Mitteleuropa auf breiter Front, sie überlebten allenfalls in den Alpen und den Kälteinseln der Hochmoore – sie werden treffend bezeichnet als Eiszeitrelikte.

Hochmoore haben ein eigenes Klima und eine eigene Vegetation. Dementsprechend weisen sie viele typische Falterarten auf, die nur hier heimisch sind, darunter zahlreiche Eiszeitrelikte. Interessanterweise sind die wenigen Schmetterlinge, die sowohl in Nordamerika als auch in Europa vorkommen, fast ausschließlich sogenannte Hochmoorfalter und Eiszeitrelikte.

Die Moore sind durch den kommerziellen Torfabbau stark gefährdet. Dabei gibt es längst Ersatzstoffe (Rinde) für den Torf, dessen Nutzen für den Garten sowieso maßlos übertrieben ist.

Der Purpurbär ist ein recht seltener Falter in moorähnlichen Biotopen, auch auf der Heide. Die Raupe lebt auf verschiedenen niederen Kräutern und überwintert.

So wird leicht verständlich, warum viele Falter in Mitteleuropa in den tieferen Lagen ausschließlich an Hochmoore gebunden sind, diese strenge Moorbindung dann aber im Gebirge oder auch in Nordeuropa aufgeben. Typische Beispiele sind der Hochmoor-Gelbling und die Rauschbeeren-Silbereule. Wie ihre Raupenfutterpflanze, die Rauschbeere, sind sie in den tieferen Lagen eng an Hochmoorstandorte gebunden, in den Alpen dagegen besiedeln sie ab der Höhe von etwa 1000 bis 1200 Metern über dem Meeresspiegel auch andere Biotope ständig, etwa die ausgedehnten Rauschbeerenbestände der hochmontanen bis subalpinen Zwergstrauchheiden. Ein anderes Beispiel ist der Moosbeeren-Bläuling, der in höheren Berglagen auch außerhalb der Moore, zum Beispiel auf Feuchtwiesen, angetroffen werden kann.

Ein wichtiges Merkmal ist weiterhin die Nährstoffarmut der Hochmoore, die sie in erster Linie den wachsenden Torfmoosdecken verdanken. Torfmoospflänzchen sammeln nämlich Mineral-Ionen in ihren Blättern und geben im Austausch dafür Wasserstoff-Ionen an die Umgebung ab. Torfmoose sind Pflanzen ohne Wurzeln, die nach oben ständig weiterwachsen, während sie unten absterben. Auf diese Weise baut sich eine dicke Torfmoosschicht über dem mineralischen Boden auf. Dieses Polster versperrt nunmehr den anderen Pflanzen den Zugang zu den Bodennährstoffen, und außerdem sind die Standorte durch den Ionenaustausch sauer geworden. So können die Torfmoose praktisch konkurrenzlos wachsen, soweit nicht in den mooreigenen Wasserhaushalt eingegriffen, der Säurewert des Wassers durch Kalken verändert oder aber die Nahrstoffarmut durch Düngung beseitigt wird.

»Wüchsige« Hochmoore sind sehr arm an Blütenpflanzen. Für zahlreiche Falterarten sind Hochmoore daher von vornherein uninteressant. Und selbst viele typische Moorschmetterlinge haben ihre besten Bestände nicht im Zentrum, sondern im Kontaktbereich zwischen dem zentralen Torfmoos und der Moorheide der Peripherie, beziehungsweise wo in enger Nachbarschaft zum Moorkörper genügend Blütenpflanzen wachsen, etwa in Streuwiesen am Rand von Hochmooren.

Die Silberfleckeule ist ein seltener Moorfalter. Die Raupe lebt auf verschiedenen niederen Kräutern und überwintert.

Repräsentative Beispiele hierfür sind der Hochmoor-Gelbling, der Moor-Perlmutterfalter, der Große Heufalter, der Rauschbeeren-Fleckenspanner, die Glänzende Stengeleule, die Moorwaldheiden-Blättereule oder das Heide-Grünwidderchen, um nur einige zu nennen. Viele »Moorfalter«, die sich selbst in Fachbüchern unter dieser Bezeichnung finden, sind eher Indikatoren für die Moorzerstörung, finden einen Rückzugsort in den degradierten Biotopen.

Die Blütenarmut intakter Hochmoore ist auch der Grund, daß viele Falterarten von Eingriffen in den Wasserhaushalt der Moore zunächst profitieren, da sich die blütenreichere Moorheide bei sinkendem Wasserstand zunächst auf Kosten der Torfmoose zum Moorkern hin ausbreitet. Da in dieser frühen Phase einer Moordegradierung außerdem noch größere, offene, lichtexponierte Flecken für die mooreigenen Raupenfutterpflanzen vorhanden sind, können etliche Moorfalter vorübergehend häufiger werden. Dieses befristete Anwachsen der Bestände darf kein Anlaß sein, Maßnahmen zur Regenerierung von Hochmooren zu unterlassen, denn bei diesem Moorheidestadium handelt es sich nur um den ersten Schritt auf dem Weg zur Vernichtung des Moores.

Freilich kommt heute selbst teilweise degenerierten Hochmoorflächen ein hoher Wert im Schmetterlingsschutz zu: zum einen, da kaum mehr ein Moor unangetastet ist, zweitens, weil diese Stellen zunehmend zu Rückzugsgebieten auch anderer gefährdeter Arten werden, die eigentlich gar nicht auf Hochmoorbedingungen angewiesen sind, beispielsweise aber auf hohe Bodenfeuchtigkeit oder auf eine »ungeordnete« Vegetationsstruktur. In unserer ausgeräumten Agrarlandschaft haben sie sonst kaum eine Chance.

Hier hat sich ein Silberfleckzünsler in den Fanghaaren des Sonnentaus, einer fleischfressenden Moorpflanze, verfangen. Die Raupe dieses Zünslers lebt in Gespinströhren an den Wurzeln und Stengeltrieben verschiedener Gräser.

Pfützen können Schmetterlingen zur Falle werden. Beim Abheben bleiben sie mit den Flügeln an der Wasseroberfläche kleben und ertrinken. In der Bildmitte trinkt eine Rostbinde, deren Hauptlebensraum sonst eher warmtrockene Standorte sind.

WEIBCHENSUCHE: IMMER DEM DUFT NACH

Im Mai fliegt in Heiden, verheideten Mooren, auch an Waldrändern und Hecken bereits am frühen Nachmittag ein großer Spinner: Das Kleine Nachtpfauenauge mit seinen wunderschön gezeichneten Flügeln ist einer der wenigen Nachtfalter, die auch tagsüber aktiv sind. Die großen Fühler sind nicht borstenförmig wie bei den Eulen und Spinnern, sondern in viele Seitenäste aufgefiedert und weisen das Tier als Spinnermännchen aus. Es patrouilliert auf der Suche nach Weibchen entlang der Säume. Jene sind flugfaul wie die meisten Spinnerweibchen, sitzen in der Vegetation und – duften! Ihre Hinterleibsdrüsen verströmen Pheromone, Sexuallockstoffe. Diese wirken bei günstigem Wind, trotz der extremen Verdünnung, über viele Kilometer.

Die Fühler der Männchen sind daher hochempfindliche Antennen, die Fiederung dient der Oberflächenvergrößerung. Ein solcher Fühler trägt über 35 000 Sinneszellen. Schon ein einziges Molekül, das der Wind an den Fühler heranträgt, kann eine Sinneszelle erregen. Und bereits vier erregte Nervenzellen erlauben eine Verarbeitung der Information im Nervensystem des Tieres. Ein Spinnermännchen erkennt so rasch die im Wind liegende »Duftstraße«. In erst weitausholendem, dann immer engerem Zickzackflug folgt ihr das Männchen auf der Suche nach der Geruchsquelle.

Bei den meisten Nachtfaltern ist der Lockduft die übliche Methode, Partner zu finden, da sie ja in der Regel nachts fliegen und in der Dunkelheit schon auf kurze Distanzen die Augen versagen. Der Geschlechtsdimorphismus (die unterschiedliche Ausbildung) der Fühler sehr vieler Nachtfalter ist also eine Anpassung an das Nachtleben. Ein still sitzendes Weibchen ist vom Männchen leichter aufzufinden als ein bewegtes Ziel. Die trägen Weibchen können es sich deshalb leisten, derart erstaunliche Massen von Eiern mit sich zu schleppen, daß manche nur gerade noch zur Eiablage zu fliegen vermögen.

Das Weibchen fliegt nur nachts, tagsüber ist es durch seine Unbeweglichkeit geschützt – ganz im Gegensatz zum Männchen, das durch seine Aktivität die Aufmerksamkeit seiner Feinde auf sich lenkt. In manchen Heidegebieten fliegen an klimatisch günstigen Nachmittagen Hunderte dieser herrlichen Tiere.

Die Raupen des Kleinen Nachtpfauenauges leben polyphag, vor allem aber an niedrigen Gehölzen: Brombeere, Heidekraut, Schlehe, Weide, Heidelbeere usw. Sofort nach der Begattung beginnt das Weibchen mit der Eiablage. Die Eier legt das Weibchen in einem Ring um einen Stengel der Futterpflanze oder um einen Grashalm in der Nähe. Die Jungräupchen schlüpfen erst nach etwa einem Monat. Die pechschwarzen Jungraupen eines solchen Geleges bleiben zunächst noch in lockerer Gemeinschaft zusammen und fallen dadurch schnell ins Auge.

Im Laufe ihres Lebens machen diese Larven eine beeindruckende Farbwandlung durch: Zunächst schwarz, bekommen sie bald gelbe bis rote Streifen und werden schließlich grün mit schwarzen Ringen und rotgelb behaarten Warzen. Die Kokons, in denen die Puppen überwintern, werden am Grunde der Nahrungssträucher knapp über dem Boden befestigt. Sie sind aus einem groben, sehr dauerhaften Gespinst. An geschützten Stellen finden sich daher Mengen von Kokons längst ausgeflogener Generationen. Ein Teil der Puppen überwintert zweimal.

Die Männchen des kleinen Nachtpfauenauges können mit ihren feingekämmten Fühlern ein Weibchen auf eine Entfernung bis zu 5 km riechen!

Das Weibchen verströmt aus einer Drüse am Hinterleib Pheromone – Sexuallockstoffe.

Wie bei den meisten Schmetterlingen ist auch beim Kleinen Nachtpfauenauge, hier ein Pärchen in Kopula, das Weibchen wesentlich größer als das Männchen.

Die Jungräupchen schlüpfen erst nach etwa einem Monat. Sie sind zunächst einfarbig schwarz und bekommen bei jeder Häutung ein völlig anders gefärbtes Kleid. Die Raupen leben auf sehr unterschiedlichen Pflanzen, besonders gern auf Mädesüß.

Die erwachsenen Raupen variieren in der Zeichnung sehr stark. Im Spätsommer verpuppen sich die Raupen in einem Seidenkokon. Das Kleine Nachtpfauenauge überwintert als Puppe und fliegt bereits im April.

ZUFLUCHT FÜR SELTENE SPEZIALISTEN

Nicht die Masse macht's, sondern die Qualität. Zwar ist die Schmetterlingsfauna unserer Hochmoore relativ artenarm, dafür aber ist sie reich an Biotopspezialisten, die nur hier im Moor und fallweise dann auch in höheren Gebirgslagen außerhalb der Torfbestände leben und überleben können (zudem werden Hochmoore immer mehr zu letzten Refugien anderer gefährdeter Arten mit unterschiedlicher ökologischer Herkunft).

Gerade die Hochmoorfalter aber sind heute in der Bundesrepublik Deutschland extrem in ihrem Fortbestand bedroht. Nach einer biotopbezogenen Auswertung der Roten Liste nehmen die Hochmoore trotz ihrer relativen Artenarmut einen »Spitzenplatz«, gemessen am Anteil der verschollenen und bestandsbedrohten Falterarten, ein. Beispielsweise finden wir alle zwölf (von 200) einheimischen Arten von Tagfaltern und Widderchen, die ökologisch mehr oder weniger eng an Hochmoore gebunden sind, in den Roten Listen wieder, in den höchsten Gefährdungskategorien.

Die Gründe für diese Entwicklung sind die Biotopvernichtung und die schleichende Biotopdegradierung. Wie kaum ein anderes Ökosystem wurden und werden unsere Torfmoore zerstört, entwässert, abgetorft und eutrophiert (überdüngt). Logisch, daß mit dem Biotop auch die Moorfalter weichen mußten. Heute kann beispielsweise von den einst rund 45 000 Hektar Hochmoorfläche in Schleswig-Holstein gerade noch ein winziges Prozent als halbwegs natürlich bis naturnah gelten. Dazu kommen dann noch ein paar Prozent mit Heidekraut, die für den Falterschutz von großem Interesse sind.

Der weitaus überwiegende Teil von mehr als 90 Prozent der ehemaligen Hochmoorfläche dieses Bundeslandes wurde dagegen vollständig entwässert, unter den Pflug genommen, aufgeforstet oder mit Häusern und Straßen zugebaut. Kaum anders stellt sich die Situation im moorreichsten Bundesland, in Niedersachsen, dar. Von den dort ehedem 3500 Quadratkilometern Hochmoorfläche sind schwerlich mehr als zwei bis drei Prozent noch als einigermaßen naturnah zu klassifizieren. Und kaum besser erging es den großen Hochmooren im Voralpengebiet.

Vergleichsweise günstiger, wenngleich vielfach auch besorgniserregend ist dagegen der Zustand der Hochmoore in den höheren Lagen der Mittelgebirge und der Alpen, vor allem, wenn sie nicht zu groß sind. Hier boten nämlich die oft sehr hohen Kosten, die notwendig wären, um solche Standorte nachhaltig zu entwässern, und dazu ihre klimatisch bedingte Produktionsschwäche, selbst nach einer Entwässerung, einen gewissen Schutz vor dem menschlichen Zugriff – etwa durch die Land- oder Forstwirtschaft. Und vor der Gier der Torfindustrie schützte sie bisher ihre Kleinheit.

Am Anfang praktisch jeder Hochmoorzerstörung stehen Entwässerungsmaßnahmen. Tiefgezogene Entwässerungsgräben sind der Tod eines jeden Moores, auch wenn das Ausbluten oft Jahre dauern kann. Hand in Hand mit dem fallenden Wasserstand büßen die Torfmoose, diese eigentlichen Moorbaumeister, an Wüchsigkeit ein, bis sie schließlich ganz ausfallen.

Parallel zum Siechtum der Torfmoose überzieht zunächst Heidekraut die abtrocknenden Oberflächen. Sinkt der Wasserspiegel weiter, so wird auch dieses nach und nach verdrängt. Jetzt wächst Pfeifengras und später dann ein Birken-, Faulbaum-, Weidengebüsch auf den trockenen Hochmoorflächen. Dieser Prozeß einer »Moordegradierung« durch Entwässerung, wie er hier geschildert wird, gilt besonders für die von Natur aus baumfreien Hochmoore der Nordwestdeutschen Tiefebene.

Es ist klar, daß sich eine solche Entwicklung katastrophal auf die Bestände der typischen Schmetterlinge der Hochmoore auswirkt. Die Moore verlieren ihre ökologische Identität, die speziellen Raupenfutterpflanzen verschwinden und mit ihnen die Falter.

Beschleunigt wird diese Entwicklung zusätzlich, weil nunmehr die abtrocknenden Torfmoorpolster für den Luftsauerstoff »angreifbar« werden, also nicht mehr »vertorfen«, sondern abgebaut werden.

Ein Zwitter eines Hochmoorgelblings! Das linke Flügelpaar zeigt die für Männchen typische Gelbfärbung, das rechte Flügelpaar ist in der Grundfarbe weiß, wie die Weibchen oberseits gefärbt sind. Der Falter zeigt mit den ausgebreiteten Flügeln eine für diese Art untypische Haltung. Der Falter wurde gerade von einer Krabbenspinne fallengelassen und ist noch etwas benommen.

Ein Männchen des Hochmoorgelblings umbalzt irrtümlich einen Schwalbenschwanz.

Dieser Prozeß wiederum setzt in erheblichem Umfang Mineralien (= Nährstoffe) frei! Wasserabzug und Nährstoffanreicherung verändern das saure Milieu derart, daß die echten Hochmoorpflanzen im Konkurrenzkampf gegenüber anderen Pflanzen hoffnungslos unterlegen sind und ebenso verschwinden müssen wie die für die Hochmoore typischen Schmetterlinge.

Damit wird außerdem klar, wieso auch die allgemeine Luftverschmutzung sowie eingewehte Dünger und Feinerde, beziehungsweise die Überflutung von Moorpartien mit nährstoffreichem Wasser, verheerende Auswirkungen auf die natürliche Identität der Hochmoore und ihrer Faltergemeinschaften haben können.

Meist bleibt die Entwicklung jedoch nicht bei der Entwässerung stehen. Vielmehr wurden die Moore ja gerade entwässert, um die abtrocknenden Flächen für andere Nutzungen zu gewinnen. Wo dicke Torflager anstehen, warten zunächst die Bagger der Torfindustrie. Der Torf wird abgefräst und sackweise für die verschiedensten Zwecke, vor allem aber für die »Pflege« der Gärten verkauft. Regelmäßige Folgenutzungen sind dann wieder Landwirtschaft, Aufforstung, Überbauung oder aber Nutzung als Deponien für Schutt, Hausmüll und Abfälle aller Art!

Auch den halbwegs intakten Mittelgebirgs- und Alpenmooren rückt der Mensch heute zunehmend zu Leibe. Beweidung durch Rinder führte über Verbiß, Dung und vor allem durch die Hufe der zahlreicher und schwerer (!) gewordenen Rinder in der gegenüber Tritt hochempfindlichen Vegetation zu teilweise irreversiblen Schäden – beispielsweise bei der Hälfte aller Moore in den Allgäuer Alpen.

Vorentwässerung und Aufforstung sind ein weiteres großes Problem. Gefahr droht heute schließlich auch durch Kalkung und Düngung der Moorränder oder ihrer waldbestandenen Wassereinzugsgebiete, wovon sich Forstleute Schutz gegen das Waldsterben versprechen.

Schlußendlich birgt der Tourismus gewichtige Probleme, weil mit den Menschenmassen verstärkt Nährstoffe ins Moor gelangen, weil Wege, Lifte und Skipisten Moore zerschneiden, weil die Vegetation zertreten und die Moorfauna beunruhigt wird, oder weil von der Wasserseite her in die schwimmenden Moore (Schwingrasen) auf größeren Seen hineingefahren und damit die Moorentwicklung um Jahre zurückgeworfen wird.

FALTERSCHUTZ AUF DEN HOCHMOOREN

Da es die Zerstörung der Biotope insgesamt ist, mit der die Hochmoorschmetterlinge ausgerottet werden oder wodurch sie gefährdet sind, muß die vordringlichste Aufgabe darin bestehen, alle noch vorhandenen Moore und Moorreste mit intakten Falterbeständen tatsächlich und flächenhaft zu sichern, also Entwässerung, Abbau, Aufforstung, Vieheintieb und Erholungsnutzung, aber auch die Düngung und Verschmutzung effektiv abzuwehren. Weitere Maßnahmen sind bei intakten Mooren nicht nötig, da es sich hier (anders als bei Feuchtwiesen oder Halbtrockenrasen etwa) um natürliche Ökosysteme handelt.

Angesichts der katastrophalen Flächenverluste intakter Hochmoore kann es aber nicht genügen, nur die heute noch vorhandenen minimalen Reste zu sichern. Vielmehr muß alles daran gesetzt werden, die Fehlentwicklungen der Vergangenheit auf möglichst breiter Front umzukehren. Zwar ist der größte Teil der Moore ein für allemal zerstört und damit auch nicht wiederherzustellen. Es gibt aber noch ein paar Prozent ehemaliger, heute allerdings weitgehend denaturierter Hochmoorflächen, die sich – vor allem soweit sie noch im Stadium der Moorheide oder im frühen Pfeifengrasstadium stehen – wieder zum wüchsigen Hochmoor zurückentwickeln lassen.

Die Grundvoraussetzung jeder Sanierung stellt dabei der Aufbau eines mooreigenen Wasserhaushaltes dar, denn nur so können die Torfmoose das Moor wieder wachsen lassen. Als erster Schritt müssen mithin alle Entwässerungsgräben effektiv abgedichtet und etwaige sonstige Dränagen zerstört werden. Wo Moorränder aufgerissen wurden, sind auch diese gegen Wasserabfluß abzudichten.

Dann kann man an die Wiedervernässung der Fläche gehen – mit nährstoffarmem Wasser und sehr behutsam Schritt für Schritt, da die meisten Pflanzenarten der Hochmoore keine längere Überstauung durch Wasser vertragen. Die Wiedervernässung kann dadurch bis zu zehn Jahre dauern.

Ist es gelungen, einen mooreigenen Wasserhaushalt wiederherzustellen, gilt es, den Gehölzaufwuchs abzuschlagen und das Holz aus dem Moor zu schaffen. Die Moorpflanzen sind sehr lichtliebend und vertragen keine Beschattung. Außerdem würden die Bäume einen wesentlichen Teil des mühsam angestauten Wassers wieder verdunsten. Ist das Hochmoor sehr stark zerfurcht, empfiehlt es sich dringend, die Oberfläche zu planieren,

Die Birkenspinnermännchen fliegen an sonnigen Apriltagen auf Mooren und suchen die im Gras sitzenden, Pheromone verströmenden Weibchen. Das Weibchen (Bild) legt die Eier nachts in Doppelreihen an Birkenzweige. Die Raupen leben gemeinsam.

Das Waldwiesenvögelchen (rechts) kann auf den südbayerischen Hochmooren noch angetroffen werden, in der Schweiz ist dieser Falter seit über 20 Jahren ausgestorben.

Der Hochmoor-Perlmutterfalter (rechts außen) fliegt nur auf Biotopen mit Moosbeere.

Der Brombeerzipfelfalter (rechts unten) ist ein kleiner, unauffälliger Falter aus der Familie der Bläulinge. Er fliegt im April/Mai. Die Raupe lebt auf sehr unterschiedlichen Pflanzen wie Sonnenröschen, Heidekraut, Kleearten und Brombeere.

damit die Wasserverhältnisse für die Torfmoose einheitlich günstig auf der gesamten Fläche werden und bleiben.

Mit diesem Maßnahmenbündel sind die Grundvoraussetzungen dafür geschaffen, daß die Torfmoose wieder wachsen und sich die typische Moorflora und -fauna wieder einstellen kann. Hochmoorfalter aus der Nachbarschaft können nunmehr auf diesen Flächen erneut Fuß fassen. Sind in einer Region diese Falterbestände völlig ausgerottet, kann eine Wiederbesiedlung sehr lange dauern, und manche Arten werden sich vielleicht nie mehr hier einstellen. Wir haben es bei diesen Schmetterlingen nämlich mit einer Artengruppe zu tun, die zwar gute Flieger aufweist, aber dennoch sehr ausbreitungsschwach ist. Man sollte also die Kolonisierungskraft selbst flugfähiger Tierarten nicht überschätzen.

Da die Hochmoorfalter in den tieferen Lagen isolierte Reliktvorkommen darstellen, gelten für sie speziell die Erkenntnisse der »Inselökologie«. Danach hängt die Zahl der Biotopspezialisten, die langfristig in einer solchen Insel überleben kann, ganz entscheidend von deren Flächengröße und dem Abstand zu Biotopen gleichen Typs ab.

Richtwerte für solche Flächen-Minima liefern die Untersuchungen verschiedener tschechoslowakischer Forscher an südböhmischen und anderen mitteleuropäischen Waldhochmooren: Moore über 100–150 Hektar Größe weisen danach die reichhaltigste spezifische Fauna auf, der störende Einfluß durch den Zustrom von untypischen »Migraten« (Einwanderern) der umliegenden Biotope ist in diesem Fall nur gering. Andererseits sinkt mit abnehmender Flächengröße der Anteil der Faunaspezialisten in augenfälliger Weise. Eine zusammenhängende Hochmoorfläche von mindestens 100–150 Hektar, lieber mehr, ist daher das Ziel für Schutzmaßnahmen.

Aber natürlich kommt auch kleineren Moorflächen angesichts der katastrophalen Situation noch ein Schutzwert zu, und natürlich können verschiedene Falter auch dort überleben. Ein Beispiel ist der Heide-Bürstenspinner, der auch in relativ kleinen Heidemooren anzutreffen ist.

Hochmoore sind relativ blütenarme Biotope. Daher ist ein nicht unwesentlicher Teil der Hochmoorfalter, deren Raupenfutterpflanzen vorwiegend oder ausschließlich im Moor gedeihen, zwingend auf ein reiches Blütenangebot in unmittelbarer Nachbarschaft der Moore angewiesen.

Dieser Blütenreichtum stellt sich ein, wenn etwa benachbarte Grünländereien als ungedüngte, einschürige Mähwiesen oder als Streuwiesen genutzt beziehungsweise in solche überführt werden (bei Waldhochmooren findet sich das Nektarangebot für die Falter vor allem an trockenen Stellen am Moorrand).

Nutzt man die Moorumgebung als Streuwiese, so schlägt man gleich zwei Fliegen mit einer Klappe: Einmal bietet man den Faltern Nektarpflanzen und zum anderen dem nährstoffempfindlichen Moor eine ungedüngte Pufferzone gegenüber dem intensiv genutzten Wirtschaftsland. Eine solche Schutzzone sollte wenigstens 300 Meter breit sein, dann können verwehte Düngemittel oder Feinerde nicht mehr so leicht ins Moor gelangen.

DIE ALPEN: DAS LETZTE FALTER-PARADIES

Bergwelt, das steht auch heute noch für Alpenpanorama, für imposante Landschaftsbilder und vielfältiges Naturerleben. Die Alpen sind eine der großartigsten und gefährdetsten Naturlandschaften.

Das wichtigste und augenfälligste Gliederungsmerkmal aller Gebirgs-Ökosysteme stellt ihre Zonierung längs der Höhenstufen dar: Angefangen vom Bergwald, der bei uns bis in Höhen von ca. 1600 Metern, stellenweise sogar bis 1800 Meter Meereshöhe vordringt, über die »Kampfwaldzone«, über alpine Zwergstrauchheiden, sattgrüne Matten und die Pioniervegetation der Geröllhalden ziehen sich die Biotopgürtel bis hinauf zum ewigen Eis.

Die tatsächliche Höhenlage der Schneegrenze, der Baum- bzw. Waldgrenze sowie der Grenzen zwischen der montanen und der alpinen Stufe schwankt schon von Natur aus innerhalb einer Spannbreite von 200 bis 300 Metern, je nach den örtlichen Umständen, nach Exposition, Klima, Untergrund usw. So steigt der Wald an Südhängen höher hinauf als an Nordhängen, im milderen Westen höher als im kontinentaleren Osten, im Alpeninneren höher als am Alpennordrand.

Die Lebensbedingungen im Hochgebirge sind hart: lange, kalte Winter, kurze Sommer, niedrige Temperaturen mit starken Gegensätzen zwischen Tag und Nacht. Dazu kommt die stete Gefahr von Temperaturstürzen und Schneefällen, selbst im Hochsommer.

Trotz solcher unwirtlicher Bedingungen entpuppen sich die Hochgebirge jedoch als ausgesprochen falterreich. Eine stattliche Zahl von Arten siedelt in Mitteleuropa ausschließlich in höheren Gebirgslagen und dringt talwärts kaum jemals tiefer als 1500 Meter vor. Diese Aussage gilt aber nur für den mitteleuropäischen Alpenraum. In anderen geographischen Regionen, im ebenfalls kalten Nordeuropa etwa, fliegt mancher dieser Falter (ähnlich wie bei den Mooren) auch im Tiefland. Arten, die höhere Gebirgslagen und arktische Bereiche bewohnen, heißen arktoalpin. Schmetterlinge mit einem solchen Verbreitungsmuster sind beispielsweise der Alpen-Perlmutterfalter, der Ähnliche Perlmutterfalter, der Graubraune Mohrenfalter, das Braunscheckauge, der Helle Alpenbläuling und der Andromeda-Dickkopffalter.

ANPASSUNGEN DER FALTER IM HOCHGEBIRGE

Nur Arten, die mit den äußeren Bedingungen fertig werden, können im Gebirge langfristig überleben. So ist es wenig überraschend, daß die Alpenfalter vielfältige Anpassungen an ihre harten Umweltbedingungen entwickelt haben. Dies beginnt bereits bei der Färbung. Gebirgsfalter sind oft dunkel gefärbt, weil mit diesem Grundton erheblich mehr Licht, also Sonnenenergie, absorbiert werden kann. So kommt ein dunkel gefärbtes Tier mit weniger Sonne schneller auf Touren.

Charakteristische, dunkle Gebirgsschmetterlinge sind die Mohrenfalter. Ihre rund 20 Arten in Mitteleuropa sind praktisch durch die Bank Hochgebirgsspezialisten. Nur der Wald-Mohrenfalter, der Große und der Rundaugen-Mohrenfalter fliegen auch in tieferen Lagen. Ebenso sind die Alpenbläulinge vergleichsweise dunkel gefärbt, und die Weißlinge und Gelblinge der Gebirge sind an der Basis der Flügelunterseite ebenfalls auffallend schwärzlich bestäubt!

Eine andere Form der Anpassung ist die lange Diapause der Gebirgsfalter. Sie können ihre Aktivitätsperioden zudem praktisch beliebig oft durch

Furkapass mit Rhonegletscher im Hintergrund.

Ruhephasen unterbrechen. Beispielsweise fliegen viele Mohrenfalter bereits wenige Minuten nach einem Schneegestöber wieder umher. Augenfällig ist weiterhin, daß viele »Nachtfalter«, z. B. Spanner der Gattung *Psodos,* die Eulenarten *Caloplusia hohenwarthi* und *Syngrapha devergens* oder der Bärenspinner *Orodemnias quenselii,* deren nächste Verwandte im Tal üblicherweise vor allem nachts aktiv sind, im Gebirge ausschließlich unter Tags fliegen, wohl um den kalten Gebirgsnächten auszuweichen.

Wegen der recht kurzen Vegetationsperioden im Hochgebirge weisen die Alpenfalter überdies meist nur eine Generation im Jahr auf bzw. benötigen oft zwei (etwa *Orodemias quenselii*) oder gar drei Jahre (wie das Alpenwidderchen), bis sie ihre Larvalentwicklung abschließen.

HOCHGEBIRGE: DIE STUFENLEITER DER SCHMETTERLINGE

Schmetterlinge finden sich im Gebirge in allen Höhenlagen unterhalb der Gletscher. Und ähnlich wie die Vegetation aufgrund der klimatischen Bedingungen deutlich unterteilt ist, lassen sich auch die meisten Falterarten bestimmten Höhen-

Auf diesem alpinen Trockenrasen entwickelte sich eine äußerst artenreiche Flora, ein eigentliches Blumen- und Schmetterlingsparadies. Leider werden auch in den Alpen solche Plätze immer seltener, durch Überbauung, Planierung von Skipisten und Düngung.

Die Hauptgefahr droht auch den Alpenschmetterlingen durch einen übermäßigen Einsatz von Dünger auf Alpwiesen. Das Bild zeigt ein schweres Jauchegefährt beim Ausbringen von Jauche mitten im Pflanzenschutzgebiet auf 2200 m in den Engadiner Alpen. Der Kunstdünger wird mittels Helikoptern auf die entlegensten Alpen geflogen.

stufen zuordnen. Den Ausschlag gibt hier einmal das Klima, oft noch mehr das vertikale Verbreitungsmuster der geeigneten Biotope. Allerdings ist die Bindung der Schmetterlinge an eine bestimmte Höhenstufe nicht sehr eng, sondern reicht vielfach über mehrere Höhenstufen.

In der »nivalen« Stufe, im ewigen Eis, wo über das Jahr meist mehr Schnee fällt als Schnee schmilzt, fehlen Schmetterlinge als ständige Besiedler. Bereits knapp unterhalb der Gletscher jedoch, auf Firnfeldern, wo der Schnee stellenweise ausapert, wo Flechten und Moose sowie einzelne Polster- und Rosettenpflanzen an geschützten Stellen der Schutt- und Geröllhalden Fuß fassen konnten, siedeln die ersten Falterpioniere: der Eismohrenfalter etwa, der Gletscherfalter, der Hellgraue Alpen-Großspanner, die Zackenbindeneule und mehrere Vertreter der tagaktiven Psodos-Spanner z.B. (*Psodos alticolaria* oder *Psodos noricana*).

Wachsen dann die Polsterpflanzen talwärts zu Teppichen zusammen und dehnen sich auf etwas tiefgründigeren Böden größere geschlossene Bestände von Pionierrasen aus, so wird auch die Schmetterlingswelt merklich artenreicher. Das eigentliche Reich der »Mattenfalter« freilich bildet das weitgehend geschlossene, blütenreiche Grasland an und oberhalb der Baumgrenze sowie die sogenannten Lavinarrasen (die wachsen, wo Lawinen Schneisen in den Bergwald gerissen haben). Auch der Mensch hat Platz für diese Faltergruppierung geschaffen, als er für die Almwirtschaft den Bergwald rodete. Allerdings folgen nur wenige der echten, der »alpinen« Hochgebirgsfalter den Almen talwärts bis unter die Grenze von etwa 1400 Metern. Anders die »montanen Falter«, von denen zahlreiche Vertreter ihren Siedlungsschwerpunkt in Höhenlagen zwischen 800 und 1600 Metern aufweisen.

Auffällige Schmetterlinge der alpinen Rasenbiotope sind der Alpengelbling, der Alpenweißling, der Alpen-Scheckenfalter, der Veilchen-Scheckenfalter, der Wurzelbohrer *Hepialus carna*, das Flechtenbärchen, der Sackträger *Epichnopteryx alpina* und – als wohl bekanntester Alpenfalter – der Hochalpenapollo. Seine Raupenfutterpflanze, der Fetthennen-Steinbrech, wächst in Quellfluren, daher ist die Art meist nur in engster Nachbarschaft zu Gewässern (in »Schneetälchen«) anzutreffen.

An der »Kampfwaldzone«, auf grasigen Stellen im Windschatten von vorgelagerten Baumkrüppeln bis hinab zur oberen Waldgrenze, fliegen ebenfalls viele Falterarten. Charakteristisch für

Die Weibchen der Apollofalter, hier ein Weibchen des Hochalpenapollos in Schreckstellung, sind wesentlich bunter gefärbt als die Männchen (Bild rechts). Man kann dieses im Tierreich recht seltene Phänomen bei einigen Schmetterlingen beobachten, es bildet aber auch unter den Schmetterlingen die Ausnahme.

Der Hochalpenapollo, kenntlich an den schwarz-weiß geringelten Fühlern, fliegt ab etwa 1500 m entlang von Gebirgsbächlein mit starkem Bewuchs von Fetthennen-Steinbrech. Eine Schlupfwespe hat sich für einen Augenblick auf dem Männchen des Hochalpenapollos niedergelassen.

Das Weibchen klebt die Eier nur selten an die Futterpflanze, den Fetthennen-Steinbrech, sondern schleudert sie in hohem Bogen irgendwohin in die Vegetation in der Nähe der Futterpflanze. Bei diesem Weibchen, das gerade ein Ei ausstößt, blieb ein vorher wegkatapultiertes Ei am Flügel kleben. Die Eier überwintern.

diese Stufe sind der Dunkle und der Helle Alpenbläuling, der Hochalpen-Perlmutterfalter, das Alpen-Wiesenvögelchen, der Gelbfleckige Mohrenfalter, der Graubraune Mohrenfalter, der Schillernde Mohrenfalter und die Glucken *Malacosoma alpicola, Trichiura ariae* und *Eriogaster arbusculae.*

In den hochmontanen bis niederalpinen Zwergstrauchheiden siedeln Schmetterlinge mit einer meist sehr engen Bindung an die hier wachsenden Pflanzenarten. In ausgedehnten Vaccinium-Beständen trifft man den Brocken-Mohrenfalter und den Kleinen Mohrenfalter, auf Heidekraut die Sackträgerart *Phalacropteryx graslinella.* Schließlich begegnen uns hier auch einige Bekannte aus den Hochmooren, der Hochmoorgelbling beispielsweise oder der Violette Silberfleckbläuling. Diese Moorschmetterlinge können im Gebirge – wegen der erheblich kühleren Klimabedingungen – ausnahmsweise auch außerhalb der Moore leben.

Spanner fallen dem Wanderer im Bergwald zuerst auf: der Ebereschen-Blattspanner etwa, der Bergahorn-Lappenspanner, der Blaue Christophoruskraut-Blütenspanner, der Gebänderte Felsschlucht-Blattspanner oder der Rinden-Bartflechtspanner, der als Raupe auf Bartflechten in feuchten Bergwäldern lebt. Aber auch die anderen Schmetterlingsfamilien weisen etliche Bergwaldspezialisten auf, etwa die Waldfarn-Smaragdeule, die an farnreichen Stellen im Bergwald fliegt.

Wo das Kronendach des Bergwaldes größere Lücken aufweist, vor allem aber auf windgeschützten Almen (in Höhenlagen bis 1600 Metern), begegnen uns zahlreiche montane Tagfalter: der Andromeda-Dickkopf, der Alpen-Dickkopf, das Braunscheckauge, der Unpunktierte Mohrenfalter, der Gelbbindige Mohrenfalter, der Alpen-Perlmutterfalter und der Natternwurz-Perlmutterfalter. Von den Eulen fliegen hier zum Beispiel die Hügel-Erdeule und die Hartgraseule.

Der Schwarze Apollo besitzt keine roten Augenflecke. Er fliegt in bergigen Gegenden, wo die einzige Futterpflanze der Raupe, der Lerchensporn, vorkommt.

Bei den Weibchen aller Apollofalter bildet sich bei der Paarung ein hornartiges Gebilde am Hinterleib, eine sogenannte Sphragis oder Begattungstasche. Dies ist eine mechanische Sperre, die eine weitere Kopulation verhindert. Beim Schwarzen Apollo ist die Sphragis besonders deutlich ausgebildet.

Dieses Weibchen, eine seltene gelbe Farbvariante des Schwarzen Apollos, besitzt noch keine Sphragis, es wurde also noch nicht begattet.

Bei einer Störung lassen sich die Raupen sofort von der Futterpflanze fallen und scheiden ein grünes Sekret aus.

GEFAHREN FÜR DIE ALPENFALTER: MEIST IST DER MENSCH SCHULD

Im Alpenraum sind etliche Gebiete von der Zivilisation und ihren Folgeerscheinungen noch weitgehend verschont geblieben. Freilich hat der Mensch mittlerweile auch ins Gebirge empfindliche Wunden geschlagen, hat gewachsene Ökosysteme der Berge zerstört, zerschnitten, denaturiert. Dies zeitigte drastische Konsequenzen auch für Alpenschmetterlinge. Hervorzuheben sind:

– Die fortschreitende Zersiedlung der Landschaft, der Landverbrauch für Wohnhäuser, Lifte, Pisten, sonstige touristische Einrichtungen und Wirtschaftsinfrastruktur, die galoppierende Veränderung, Zerschneidung und Verinselung der natürlichen Ökosysteme.

– Die flächendeckende Belastung des gesamten Alpenraumes durch Luftschadstoffe, die hier wegen der viel häufigeren Niederschläge noch konzentrierter in den Boden eingespült werden.

Empfindlich getroffen wird dadurch vor allem der Bergwald mit seinen Faltern, kaum weniger jedoch auch die Mattenfalter. Fast unbemerkt werden die Matten durch die Schmutzfracht überdüngt, die Konsequenzen ähneln der Intensivierung bei Wiesen.

– Nicht zu vergessen der Strukturwandel in der Almwirtschaft: Die traditionelle Nutzung wird allerorten aufgegeben, die Almen werden entweder intensiviert oder sie fallen brach.

ÜBER ALLEN GIPFELN IST UNRUH

Mit der Alpeneinsamkeit ist es vorbei. Siedlungen, Wochenendhäuser, Berghütten, Straßen, Forstwege, Bergbahnen und Lifte fressen sich krebsartig in und durch die Hochgebirge. Rund sechs Quadratkilometer Grund und Boden werden seit Jahrzehnten allein im bundesdeutschen Alpenraum Jahr für Jahr zubetoniert. Und die Schadwirkung umfaßt noch ungleich größere Flächen: Seilbahnen und Lifte brechen Hänge auf; Loipen, Pisten und Berghütten »verrummeln« manchen einst stillen Gipfel.

Auf Forstwegen, Bergbahnen und Liften werden Tausende und aber Tausende von Erholungssuchenden in die Bergregionen geschleust. Ein Netz von Trampelpfaden auf den Matten ist nur der erste, unübersehbare Hinweis auf die völlige Überforderung der Bergregionen durch diese Menschenmassen.

Überdies nagt hier, wie an den Pisten auch, die Bodenerosion. Nackte Rinnen fressen sich in die Landschaft, die kaum wieder zu begrünen sind.

Die Falterfauna der Alpen läßt sich daher nur retten, wenn der Natur ungestörte Ruhezonen in großem Stil eingeräumt werden. Die Erschließung der letzten unberührten Täler, Hänge und Bergstöcke muß dringend unterbunden werden. Vorhandene Nutzungen sind zu bündeln und auf bereits weitgehend zerstörte Regionen zu konzentrieren. Durch Pisten- und Wegegebote, durch eine Routenwahl nach ökologischen Gesichtspunkten ist der Ski- und Erholungstourismus in naturschonendere Bahnen zu lenken.

DER BERGWALD STIRBT SCHNELLER

Nirgends läuft das Waldsterben dramatischer ab als im Bergwald. So waren in Bayern im Jahr 1985 bereits 50 Prozent der Bergwaldfläche als stark geschädigt eingestuft! Neben den Luftschadstoffen setzt dem Bergwald zudem der Verbiß durch die viel zu hohen Hirsch-, Reh- und Gamsbestände zu, die eine Naturverjüngung der ohnehin siechenden Wälder oft völlig unterbinden. Die Tiere verschonen meist die (von den Forstleuten geförderte) Fichte, und so stellt dieser Nadelbaum, der im ursprünglichen Bergwald rund 45 Prozent des Baumbestandes bildete, heute im Schnitt 75 Prozent, regional sogar schon 90 Prozent aller Bäume! In dunklen Fichtenforsten jedoch ist kein Platz für die meisten Schmetterlinge . . .

Die Raupen des Schwarzen Apollos (linke Seite) nehmen gerne ein gemeinsames Sonnenbad. Man findet sie an den wenigen Fundorten oft haufenweise in der Sonne liegen.

Der Flechtenbär stellt sich bei Berührung tot, er zieht die Beine und Fühler dicht an den Körper wie auf dem Bild. Der Falter gibt im Flug ein knackendes Geräusch von sich. Diese Eigenart haben nur die Flechtenbären. Die Raupen ernähren sich von Felsflechten.

Der Enzian-Scheckenfalter fliegt auf alpinen Matten ab etwa 1600 m. Die Raupe lebt auf Enzian, sie befrißt vorzugsweise die Blüten. Die Raupe überwintert und verpuppt sich zu einer bunten Stürzpuppe.

Der Kleine Scheckenfalter mißt nur knapp 3 cm Flügelspannweite. Er fliegt in den östlichen Alpen, von den Bündner Alpen an ostwärts auf 2000 m bis 3000 m.

Der Hochalpen-Perlmutterfalter ist einer der häufigsten und verbreitetsten Alpenschmetterlinge. Er fliegt von der Baumgrenze bis über 3000 m hinauf. Die Raupe lebt auf Veilchen und auf Knollenknöterich.

MOHRENFALTER: DIE UNNAHBAREN SCHÖNEN IM GEBIRGE

Vielen Schmetterlingen erlaubt die kurze Vegetationsperiode noch nicht einmal, wenigstens eine Generation zu vollenden. Und so machen es etliche Falter wie das Hochalpenwidderchen: Sie fliegen im Juli und August auf den höchsten Wiesen und Weiden von 1800 m bis 3000 m. Die Raupen fressen ab August an den verschiedensten Pflanzen, meist Schmetterlingsblütlern.

Im kurzen Herbst sinken die Temperaturen rasch: Die Räupchen sammeln sich in Gruppen mit bis zu 100 Tieren, die den langen Winter gemeinsam in einem weißen Gespinst verbringen. Selbst der folgende Sommer reicht nicht für die Entwicklung aus, die Raupen müssen ein zweites Mal überwintern. Erst im nächsten Juni, schnell vollgefressen im kurzen Frühling, spinnt sich jede der Raupen den für alle Widderchen typischen spindelförmigen, weißlichen Kokon. In seinem Schutz verpuppt und entwickelt sich der Falter innerhalb weniger Wochen und schlüpft im Juli oder August.

Die zweijährige Entwicklungszeit als Antwort auf den kurzen Hochgebirgssommer ist eine Anpassung, die auch von einigen Nachtfaltern und anderen Tagschmetterlingen bekannt ist. Bei vielen weiteren Arten wird dies bisher nur vermutet. Eine Raupenzucht unter Freilandbedingungen des Hochgebirges ist eine mühsame Angelegenheit, und so sind Biologie und Ökologie vieler Hochgebirgsschmetterlinge weiße Flecken auf den Karten der Wissenschaft geblieben.

Die Gattung der Mohrenfalter bildet die »Stufenleiter« des Hochgebirges regelrecht nach. Nur zwei Arten kommen bis in die Ebenen herab vor: der Gemeine und der Rundaugen-Mohrenfalter. Der eine fliegt aber bis 1500 m hoch hinauf, der zweite gar schon bis 2000 m. Alle anderen »Moh-

So wie die Bläulinge versammeln sich auch die Mohrenfalter recht gerne an bestimmten feuchten Stellen, um dort Salze aufzunehmen.

Der Schillernde Mohrenfalter ist einer der farbenprächtigsten Schmetterlinge. Je nach Lichteinfallswinkel sind die Flügel fast einfarbig braun mit roten Punkten oder funkeln in allen Regenbogenfarben wie bei diesem Tier, das gerade zum Flug anhebt. Der Falter sitzt gerne an windgeschützten Stellen und ist sehr scheu.

Der Gelbgebänderte Mohrenfalter ist ein Endemit, das heißt er fliegt weltweit nur an einer engbegrenzten Stelle, in den Tessiner Alpen ab ca. 1600 m.

ren« sind reine Gebirgsfalter, die sich zwischen Bergwiesen, Latschen, Eis und Fels tummeln.

Den Eismohrenfalter finden wir – wie sein Name andeutet – auf den halsbrecherisch steilen Schutthalden am Rand von Firn und Eis. So ist es nur schwer möglich, in seine Nähe zu kommen: Der Mohrenfalter besitzt außerordentlich gute »Ohren«, Tympanalorgane, die in der blasig aufgetriebenen Ader des Vorderflügels sitzen. Und ist ein Falter einmal in Sichtweite, so antwortet er schon auf das Auslösegeräusch einer Kamera schneller, als die meisten Fotografen zu reagieren vermögen.

Ein Doppelaugen-Mohrenfalter (oben) fiel einer perfekt getarnten Krabbenspinne auf einer Skabiose zum Opfer.

Vorsichtig betastet sich ein Pärchen (rechts oben) des Rundaugen-Mohrenfalters. Das Männchen links zeigt die kräftige Schnabelspur eines Vogels.

Darunter ein Pärchen des Gelbgefleckten Mohrenfalters.

Die Eier der Mohrenfalter haben eine elliptische Form. Sie werden meistens an dürre Gräser abgelegt.

Die Raupen der meisten Mohrenfalter sind beige mit braunen Längsstreifen. Sie leben alle auf verschiedenen Gräsern und überwintern.

SAMMLERLEIDENSCHAFT LIEBER ZÜGELN

Die Schmetterlingssammler können sicher nicht für den Rückgang unserer Schmetterlingsfauna verantwortlich gemacht werden. Doch die Sammeltätigkeit darf auch nicht vollständig bagatellisiert werden, wie das die meisten Entomologen zu tun pflegen. Nur noch lokal vorkommende Arten und Unterarten können durchaus von Sammlern ausgerottet werden, wie das Beispiel des Großen Feuerfalters bereits im letzten Jahrhundert zeigte.

Ein neueres Beispiel für falsche Sammlerleidenschaft ist der Osterluzeifalter in einem italienischen Tal der Südalpen nahe der Schweizer Grenze. Hier flog der Schmetterling, der glücklicherweise auch noch andernorts vorkommt, bis ins Jahr 1980. Das Tal war in Sammlerkreisen gut bekannt und wurde dementsprechend häufig aufgesucht. Seit 1980 ist der Falter in dieser Gegend ausgerottet. Und dies, obwohl das Tal keinerlei Veränderungen durch menschliche Eingriffe erfuhr, die einer solchen Entwicklung meistens vorausgehen. Auch die Futterpflanze der Raupe kommt noch sehr häufig vor. Der Osterluzeifalter wurde in diesem Tal nachweislich allein durch Sammler ausgerottet.

Mittlerweile haben mehrere europäische Länder das Sammeln von Schmetterlingen generell verboten, so z. B. die Bundesrepublik Deutschland, die DDR und Jugoslawien. In Frankreich, Österreich, Italien, den Niederlanden und der Schweiz ist das Fangen von Schmetterlingen in einzelnen Landesteilen verboten.

Solche Bestimmungen sind wohl begrüßenswert, dürfen aber niemand im falschen Glauben lassen, damit für die Erhaltung der Schmetterlingsfauna allgemein etwas getan zu haben. Ein wirklicher Schutz unserer Schmetterlinge ist, um es zu wiederholen allein durch die Erhaltung der wenigen noch verbliebenen Biotope möglich.

Der Osterluzeifalter gehört zur Familie der Ritterfalter, ist also mit dem Schwalbenschwanz, dem Segelfalter und den Apollos verwandt. Die Falter fliegen meistens an warmen, sonnigen Stellen mit starkem Bestand von Osterluzei, z. B. auch in aufgelassenen Weinbergen.

Die kugeligen Eier werden einzeln oder in kleinen Grüppchen an die Blattunterseite oder an den Blattstiel geklebt.

Die Raupen leben ausschließlich auf Osterluzei, einer Pflanze, die in einigen Tälern der Alpensüdseite und im Wiener Becken nicht allzu selten ist. Sie entwickeln sich sehr rasch. Die Gürtelpuppe »überliegt«, sie überwintert teilweise zweimal: dann schlüpft der Falter erst im übernächsten Frühling.

Bläulinge versammeln sich abends recht häufig zu sogenannten Schlafgemeinschaften (rechts).

FALTERSCHUTZ IM BERGWALD

Die Bergwaldschmetterlinge werden das Licht der Zukunft nur erblicken, wenn dieses Ökosystem als Mischwald (in seiner naturgemäßen Baumartenzusammensetzung) und in seinem vielstufigen Bestandsaufbau (mit Bäumen jeden Alters) erhalten werden kann. Dies ist jedoch nur zu erreichen, wenn endlich politisch etwas unternommen wird gegen die maßlose Vergiftung der Luft. Die Diskussion, welcher Stoff nun haargenau was schädigt, ist da müßig.

Auch ist der Waldverbrauch für Pisten, Lifte, Loipen und Straßen weitestgehend einzuschränken, und es muß in allen stark geschädigten Waldbeständen eine standortgemäße Waldverjüngung eingeleitet werden. Eine solche Verjüngungskur hat freilich nur Aussicht auf Erfolg, wenn neben der Belastung aus der Luft auch der enorme Schadensdruck durch Wildverbiß beseitigt wird. Dafür ist eine drastische Verringerung der viel zu hohen Reh-, Hirsch- und Gamsbestände nötig.

Der Violette Feuerfalter tritt in den Alpen ganz selten in dieser intensiv blauviolett gefärbten Rasse auf. Die Raupe lebt auf kleinen Ampferarten und überwintert.

DER WANDEL IN DER ALMWIRTSCHAFT

Während die Ökosysteme der alpinen Naturlandschaften im unbelasteten Zustand wie alle natürlichen Lebensräume keinerlei spezielle Pflege brauchen, trifft dies für die vom Menschen geschaffenen Almen nicht zu. Ihr ökologischer Charakter und ihre typischen Schmetterlinge können nur mit der traditionellen Almnutzung oder durch entsprechende Pflegemaßnahmen erhalten werden.

Einmal mehr zeigt sich hier die Bedeutung der »Agrar-Revolution« für den Naturschutz: Ob Düngung und Intensivierung, ob Entwässerung von Feuchtwiesen, Unkrautvernichtung, Trockenlegung oder eben der Ersatz der alten »Hirtenseligkeit« in den Alpen durch »modernere« Maßnahmen: stets ist die Landwirtschaft schuld.

Wie negativ sich Intensivierung oder Brachfallen der Almen auswirken, bestätigen viele empirische Befunde von Schmetterlingskundlern, aber auch eine über mehrere Jahre auf Almen im Travetsch (Schweiz) durchgeführte Studie. Die Ergebnisse sind deutlich:

– Die traditionell als Extensivweide genutzte Alm ist der schmetterlingsreichste kultivierte Vegetationstyp;

– In der einmähdigen Magerwiese ist das Artenspektrum der Falter ebenfalls noch groß, erreicht jedoch nicht die Werte der Extensivweide;
– Stark positive Wirkung auf die Zahlen der Schmetterlingsarten haben junge Brachen bis fünf Jahre;
– Zunehmende Düngung und – in Verbindung damit – häufigeres Mähen bzw. intensivere Beweidung wirken stark negativ auf die Artenvielfalt der Schmetterlinge und der Pflanzen;
– Gleiches gilt für längerfristiges Verbrachen bei einer Dauer von mehr als fünf Jahren.

In den Alpen trifft man oftmals ganze Ansammlungen von Bläulingen, die alljährlich an der gleichen Stelle Salze aus dem Boden aufnehmen.

Der Zwergbläuling ist mit einer Flügelspannweite von etwa 2 cm unser kleinster Tagfalter, der auch in den Alpen fliegt.
Seine Raupen ernähren sich von den Früchten von Schmetterlingsblütlern. Hier frißt die Raupe in den Schoten eines Tragantes. Nachdem sich die Raupe in die Schote eingebohrt hat, wird das Loch von innen mittels Spinnfäden verschlossen. Diese Schote wurde aufgeschnitten, um die Raupe sichtbar zu machen.

Berninagruppe mit Morteratschgletscher im Oberengadin.

Das Alpenwidderchen tritt in den Alpen stellenweise massenhaft auf. Es unterscheidet sich von den andern ähnlichen Widderchen-Arten durch eine leichte Goldbestäubung der Flügel. Die schwarz-gelben Raupen leben auf Alpenazalee und überwintern zweimal.

Der Gletscherfalter (unten) fliegt im Hochgebirge bereits im Juni, kurz nach der Schneeschmelze. Die Raupe hat eine zweijährige Entwicklung, und der Falter tritt in einem Zweijahresrhythmus etwas häufiger auf, westlich des Gotthards vorwiegend in geraden, östlich davon in ungeraden Jahren.

In Ruhestellung ist der Gletscherfalter im dürren Gras perfekt getarnt.

WANDERFALTER: SO WEIT DIE FLÜGEL TRAGEN

Die Lockwirkung des Lichtes machen sich Wissenschaftler zunutze, um die Wanderzüge von Faltern zu beobachten. Ein grandioses Erlebnis kann eine herbstliche Wandernacht in einer Beobachtungsstation auf einem Alpenpaß werden: umschwärmt von Zehntausenden Faltern in einem einzigen Schwirren, Flattern, Schuppenstäuben im Schein der starken Lampe – nichts als Schmetterlinge. Allen voran sind es die Eulen: Hausmütterchen, Ypsilon- und Gammaeule. Dazwischen auch größere »Brummer«, Windenschwärmer meist. Das Erstaunlichste aber: Auch zarte Kleinschmetterlinge wie der Graue Lärchenwickler und der Zünsler *Nomophila noctuella* sind auf der Reise dabei.

Gerne folgen die Wanderer unter den Schmetterlingen Landschaftselementen wie Waldrändern, Hecken oder Dämmen, die in ihrer Zugrichtung liegen, und nutzen wohl deren Windschutz oder die warmen Temperaturen der Sonnenseite. An solchen Leitlinien oder auch auf Gebirgspässen läßt sich oft ein fast endloser Zug vorbeifliegender Falter beobachten: Wie auf einer Schnur aufgezogen, ziehen sie unbeirrt geradeaus ihres Wegs.

Viele Schmetterlinge folgen regelmäßig und saisonal dem Wandertrieb. Der biologische Sinn mag in der Ausbreitung liegen, sei es für die Eroberung neuer Lebensräume oder zur Auffrischung des Erbguts bei der Begegnung mit anderen Populationen. Obwohl freilich das Phänomen seit Jahrzehnten erforscht wird, ist die Wissenschaft über Hypothesen noch nicht hinausgekommen. In der Bundesrepublik wurde 1951 eine spezielle Forschungszentrale gegründet, die mit Tausenden von Beobachtungen wenigstens etwas Licht in die Gesetzmäßigkeiten der mitteleuropäischen Wanderbewegungen gebracht hat.

Je nach Art fällt die saisonale Wanderung in die Zeit direkt nach dem Schlüpfen oder zu Beginn bzw. am Ende einer Diapause. Beispiele sind die Kurzstreckenwanderer Großer und Kleiner Kohl-

Der Alpen-Perlmutterfalter fliegt in den Alpen nur sehr lokal von 800 m bis 2000 m; an den wenigen Flugstellen findet er sich aber meist in großer Zahl.
Die Raupe lebt monophag auf dem Gelben Veilchen. Sie überwintert und entwickelt sich nach der Schneeschmelze sehr schnell.

Der Veilchen-Scheckenfalter fliegt bereits Anfang Juli in Latschenkiefernbeständen ab etwa 1500 m. Das Männchen variiert in der Zeichnung sehr stark. Die beiden Geschlechter sind völlig verschieden gefärbt, den Weibchen fehlt die markante weiße Flügelzeichnung. Die Eier werden in Häufchen an Wegerich abgelegt. Die Jungraupen überwintern in einem spinnennetzartigen Gespinst am Boden.

Der Dukatenfalter zählt mit seinen leuchtend rotgoldenen Flügeln zu den auffallendsten Schmetterlingen. Die Männchen erscheinen rund eine Woche vor den ersten Weibchen. Die Falter setzen sich mit Vorliebe auf Schafgarbe. Beim Dukatenfalter zeigt sich ein ausgeprägter Geschlechtsdimorphismus, das Weibchen trägt eine schwarze Fleckenzeichnung auf rotem Grund. Die Raupen leben auf kleinen Ampferarten.

Der Oleanderschwärmer ist ein Wanderfalter, der in Mitteleuropa nur sporadisch als seltener Gast aus dem Mittelmeerraum auftritt. Er kann den Winter in Mitteleuropa nicht überstehen. Die Raupe lebt auf Oleander, sie verpuppt sich am Boden in einem Gespinst. Sehr selten findet man die Raupen bei uns auf eingetopften Oleanderstöcken im Garten.

weißling und die Langstreckler Admiral oder Distelfalter, die ganze Kontinente überbrücken.

Wandern Falter in größeren Trupps, fallen sie deutlich ins Auge. Da erscheinen sie plötzlich in Massen an blühenden Gartenstauden, beim Flug übers Meer besetzen sie die Aufbauten eines Schiffes, oder sie bilden einen bunten Teppich auf dem Wasser, auf dem sie dank der Oberflächenspannung kurz ausruhen können.

Wandernde Falter fliegen zielstrebig und zügig, nach der Rast auf einer Blüte entschwinden sie in derselben Zugrichtung. Im Gegensatz zu den Weißlingen sind Admiral und Distelfalter kräftige Tiere, die auch bei stärkerem Gegenwind Büsche, Bäume und Häuser einfach überfliegen. Noch bei Windgeschwindigkeiten bis vier fliegen sie unentwegt gegen den Wind, Seitenwinden vermögen sie gar bis zu einer Stärke von sechs gegenzusteuern.

Daß Schmetterlinge Wanderungen unternehmen, wurde viel später entdeckt als das Phänomen des Vogelzugs. Die Wanderzüge der Schmetterlinge sind eben viel unauffälliger. Beobachtet wurden immerhin riesige Schwärme von Weißlingen, die wie Schneegestöber daherkamen, doch in der Regel sind die Falterwanderungen für den Laien nicht sichtbar. Die Falter ziehen meistens auf sehr breiter Front und über einen längeren Zeitraum.

Wandernde Falter sind leicht an einem schnellen, zielgerichteten Flug in eine bestimmte Richtung zu erkennen. Die Falter fliegen nur knapp über dem Boden stur geradeaus. Selbst kleine Hindernisse wie Bäume und Häuser werden nicht um, sondern überflogen. Vor allem die Tagfalter nützen für ihre Wanderungen gerne Winde zur Flugunterstützung. Schwärmer erreichen aber auch aus eigener Kraft Geschwindigkeiten bis zu 50 Stundenkilometer. Im Juni 1980 begünstigte eine starke Südströmung aus Afrika, die auch den bekannten gelben Saharastaub bis über die Alpen trug, eine Masseneinwanderung von Distelfaltern. Auf einer zweitägigen Autofahrt von der Westschweiz nach München konnten auf der ganzen Strecke von rund 500 km während zweier Tage Distelfalter beobachtet werden, die von Süden nach Norden zogen, was die Breite des Zugs unterstrich. Allein an der Auto-Frontscheibe des Beobachters (Thomas Ruckstuhl) verloren auf dieser Strecke über 20 Falter ihr Leben. Dies läßt auch ermessen, wie unerhört groß die Falterverluste allgemein durch den Straßenverkehr sind.

Daß Schmetterlinge nicht nur mit dem Wind fliegen, sondern sogar einem starken Gegenwind zu trotzen vermögen, ist sehr überraschend. Im September 1986 konnten auf dem Col de Bretolet in den Walliser Alpen Admirale beobachtet werden, die trotz eines äußerst starken Gegenwindes südwärts zogen, zusammen mit Myriaden von Schwebfliegen und zahlreichen Großlibellen. Die Falter wurden von den Windböen an der Paßhöhe zum Teil mehrmals nach Norden zurückgeworfen und schafften es manchmal erst im dritten Anlauf, wenn der Wind eine Spur nachließ, die »Krete« zu überwinden. Die Rückwanderung der Falter in den Süden dauerte in diesem Fall mehrere Wochen. Die Verluste unter den Wanderern sind teilweise recht hoch. So wurden ebenfalls im September 1986 auf der Paßhöhe des Großen St. Bernhards über 40 tote und noch lebende, aber völlig erschöpfte Windenschwärmer gefunden.

Die Gamma-Eule ist einer unserer häufigsten Wanderfalter. Obwohl zu den Nachtfaltern gehörend, fliegt sie auch am Tag. Im Frühsommer ziehen die ersten Einwanderer über die Alpen und erzeugen in Mitteleuropa eine Sommergeneration, die durch weitere Einwanderer verstärkt wird. Die Gamma-Eule übersteht den Winter bei uns nicht.

Der Kleine Perlmutterfalter zählt auch zu den Wanderfaltern, übersteht jedoch im Gegensatz zu den meisten andern Wanderfaltern den Winter in Mitteleuropa. Der Kleine Perlmutterfalter überwintert als Raupe, Puppe oder Falter. Die Raupe lebt auf verschiedenen Veilchenarten, vorzugsweise auf dem Wilden Stiefmütterchen.

Der Distelfalter zeigt das gleiche Verhalten wie der Admiral. Vom Distelfalter scheinen aber nur sehr wenige Falter im Herbst in den Süden zurückzukehren. Der Distelfalter wandert in Zügen von mehreren hundert Kilometer Breite. Die Raupen leben auf verschiedenen Disteln und auf Brennesseln. Der Distelfalter ist der Tagfalter mit dem größten Verbreitungsgebiet. Er fliegt auf allen Kontinenten außer Südamerika.

DER ADMIRAL: EIN STARKER LANGSTRECKLER

Admiral und Distelfalter überstehen nur besonders milde Winter in Mitteleuropa. Jeden Herbst fliegt ein Teil der Falter nach Süden – jedes Frühjahr rollt die Einwanderungswelle zurück nach Mittel- und Nordeuropa. Bis nach Island reichen die Wanderzüge dieser robusten Flieger. Offenbar bleiben viele Tiere im Norden, ohne dort jedoch den Winter zu überleben.

Der Admiral, der sich im Juni auf dem Gartenweg sonnt, hat einen langen Weg hinter sich. Auch seine Nachkommen, die im Spätsommer unter Zwetschgenbäumen am Fallobst saugen, werden leicht von einem Kälteeinbruch überrascht oder scheitern an zu tief verschneiten Alpenpässen. Die Falter aus dem Mittelmeerraum wandern im Frühjahr mit den ersten Warmfronten gen Norden. Die Strömung warmer Luftmassen von Südwest nach Nordost bietet ideale Bedingungen für diese Zugrichtung. Im Herbst, wenn über Europa dauerhafte Hochdruckgebiete herrschen, ist das ideale Reisewetter für den Rückflug.

Eine Schmetterlingsgeneration wandert nur einmal, entweder nach Süden oder nach Norden. Interessanterweise wandern nur wenige Mittelmeer-Populationen im Frühjahr nach Norden, während es die meisten in Mitteleuropa großgewordenen Falter im Herbst nach Süden drängt; selbst einen milden mitteleuropäischen Winter überstünden sie nicht.

Die Wanderungen sind bis heute nicht erklärt, es läßt sich nur vermuten, daß sie den Faltern Vorteile bringen. Admiral und Distelfalter haben ihre Heimat im sommertrockenen, winterkühlen Mittelmeerklima. Falter und Raupen finden dort günstige Bedingungen nur in den Vegetationszeiten Frühling und Herbst, die Sommer sind zu trocken, die Winter zu kühl.

Im Zielgebiet der Falter, in unserem gemäßigten Klimagürtel, bietet sich Faltern und Raupen dagegen von Frühsommer bis Herbst eine optimale Blüten- und Blattweide. Auf diese Weise, so eine wissenschaftliche Hypothese, nutzen diese beiden Schmetterlingsarten ihr riesiges Verbreitungsgebiet perfekt aus, sie fliegen den Vegetationszeiten hinterher. Aktueller Auslöser der Wanderungen mag die jeweilige Wetterverschlechterung sein – im mitteleuropäischen Herbst die sinkenden Temperaturen, im nordafrikanischen Frühling zunehmende Hitze und Trockenheit.

Einer der großen alten Schmetterlingsforscher, Adalbert Seitz, ist Augenzeuge eines solchen, an ein Naturwunder grenzenden Aufbruchs von Distelfaltern in Nordafrika gewesen: »In Nordafrika lag ich einmal in den Morgenstunden an den Ufern des Mittelmeers. Die schräg ansteigende, vollständig verdorrte Halde war dicht besetzt mit dürren Distelbüschen. An jedem Busch hingen Puppen von Distelfaltern, die alle schlüpfreif waren. Nach kurzer Zeit, etwa einer halben Stunde, öffneten sich die Puppen, und die Falter schlüpften, nach einer weiteren Stunde waren alle ausgewachsen, und kurz darauf, wie auf Kommando, erhob sich die große Schar und flog wie eine Wolke über das Mittelmeer.«

Nicht alle Falter dieser Populationen rund ums Mittelmeer wandern nach Norden. Viele bleiben dort oder wandern in ganz andere Richtungen ab.

Der Postillion zählt ebenfalls zu den Wanderfaltern. Seine Raupen ernähren sich von verschiedenen Kleearten.

Dieser Admiral wurde mittels einer Etikette gekennzeichnet. Die Chance, ein solches Tier zu finden, ist jedoch gering, da die Lebenserwartung der Falter sehr kurz ist.

Der Admiral wandert bei uns im Mai/Juni ein, die Nachkommen fliegen im Spätsommer sehr zahlreich und besuchen typische Spätblüher wie Silberdistel und Schmetterlingsflieder. Ein Teil der Admirale wandert im Herbst in den Süden zurück, die hier bleibenden Tiere erfrieren.

Das Bild zeigt einen Admiral auf der Rückkehr in den Süden. Der Falter fliegt gegen starken Gegenwind. Die schwarzen Punkte sind Schwebfliegen, die ebenfalls südwärts ziehen.

WEITERFÜHRENDE LITERATUR ZUM THEMA

Bergmann, A.: Die Groß-Schmetterlinge Mitteldeutschlands. Bde. 1, 2, 3, 5 – Jena, Urania, 1951–1955.

Blab, J.: Entwicklung von Artenhilfsprogrammen am Beispiel der Tagfalter- und Widderchenfauna der Bundesrepublik Deutschland. Jahrbuch Naturschutz und Landschaftspflege 34: S. 87–112; 1983.

Blab, J.: Grundlagen des Biotopschutzes für Tiere. Schriftenreihe Landschaftspflege und Naturschutz 24, 2. Aufl. – Greven: Kilda, 1986.

Blab, J. & *Kudřna, O.*: Hilfsprogramm für Schmetterlinge. Naturschutz aktuell 6 – Greven: Kilda, 1982.

Blab, J., Nowak, E., Trautmann, W. & *Sukopp, H.*, (Hrsg.): Rote Liste der gefährdeten Tiere und Pflanzen in der Bundesrepublik Deutschland. Naturschutz aktuell 1, 4. Aufl. – Greven: Kilda, 1984.

Eigner, J. & *Schmatzler, E.*: Bedeutung, Schutz und Regeneration von Hochmooren. Naturschutz aktuell 4 – Greven: Kilda, 1980.

Ellenberg, H.: Zeigerwerte der Gefäßpflanzen Mitteleuropas. Scripta geobotanica 9 – Göttingen: Golze, 1974.

Ellenberg, H.: Vegetation Mitteleuropas mit den Alpen in ökologischer Sicht. 3. Aufl. – Stuttgart: Ulmer, 1982.

Erhardt, A.: Wiesen und Brachland als Lebensraum für Schmetterlinge. Denkschrift der Schweizer Naturforschenden Gesellschaft, Bd. 98 – Basel: Birkhäuser, 1985.

Forster, W. & *Wohlfahrt, T. A.*: Die Schmetterlinge Mitteleuropas, Bde. I–V – Stuttgart: Franckh, 1954–1981.

Gill, D. & *Bonnett, P.*: Nature in the urban landscape: A study of city ecosystems – Baltimore: York Press, 1973.

Higgins, L. G. & *Riley, N. D.*: Die Tagfalter Europas und Nordwestafrikas. 2. Aufl. (Übersetzt und bearbeitet von W. Forster). 60 Tafeln – Hamburg & Berlin: Parey, 1978.

Kristal, P. M.: Problematik und Möglichkeiten des Schmetterlingsschutzes, insbesondere im Rahmen von Biotoppflegemaßnahmen. Vogel u. Umwelt 3: S. 83–87; 1984.

Meineke, J.-U.: Einige Aspekte des Moor-Biotopschutzes für Schmetterlinge am Beispiel moorbewohnender Großschmetterlingsarten in Südwestdeutschland. Telma 12: S. 85–98; 1982.

Meisel, K.: Auswirkungen landwirtschaftlicher Intensivierungsmaßnahmen auf die Acker- und Grünlandvegetation und die Bedeutung landwirtschaftlicher Problemgebiete für den Arten- und Biotopschutz. Jahrbuch Naturschutz Landschaftspflege 27: S. 63–74; 1977.

Malicky, H.: Die lepidopterologischen Verhältnisse des Hügellandes zwischen Bodensee und Alpstein (Nordschweiz). Zeitschrift der Arbeitsgemeinschaft österreichischer Entomologen 14: S. 26–62; 1965.

Meisel, K.: Acker- und Grünland. In: Olschowy, G. (Hrsg.): Natur und Umweltschutz in der Bundesrepublik Deutschland: S. 266–272. Hamburg & Berlin: Parey, 1978.

Oppermann, R.: Beziehungen zwischen Vegetation und Fauna in zwei Feuchtgebieten Oberschwabens. Diplomarbeit TU München-Weihenstephan, 1985.

Pretscher, P. et al.: Rote Liste der Großschmetterlinge (Macrolepidoptera). In: Blab, J. et al. (Hrsg.): Rote Liste der gefährdeten Tiere und Pflanzen in der Bundesrepublik Deutschland. Naturschutz aktuell 1: S. 53–66. Greven: Kilda, 1984.

Reichholf, J.: Mein Hobby: Schmetterlinge beobachten. BLV-Naturführer Bd. 135/136 – München: BLV-Verlagsgesellschaft, 1984.

Reichholf, J.: Schmetterlinge in der Großstadt – können sie überleben? Jahresbericht 1984 der Generaldirektion d. Staatl. Naturwissenschaftl. Sammlungen Bayerns: S. 17–24; 1985.

Schumacher, W.: Flächensicherung für den Wildpflanzenschutz. Jahrbuch Naturschutz u. Landschaftspflege 31: S. 117–129; 1981.

Spitzer, K.: Ökologie und Biogeographie der bedrohten Schmetterlinge der südböhmischen Hochmoore. Beihefte Veröffentlichungen Naturschutz und Landschaftspflege Bad.-Württ. 21: S. 125–131; 1981.

Sukopp, H., Trautmann, W. & *Korneck, D.*: Auswertung der Roten Liste gefährdeter Farn- und Blütenpflanzen in der Bundesrepublik Deutschland für den Arten- und Biotopschutz. Schriftenreihe Vegetationskunde 12 – Bonn-Bad Godesberg: LV Münster-Hiltrup, 1978.

Weidemann, H.-J.: Tagfalter. Bd. 1. Naturführer – Melsungen: Neumann-Neudamm, 1986.

Weidemann, H.-J.: Tagfalter. Bd. 2. Naturführer – Melsungen: Neumann-Neudamm; im Druck.

Wohlfahrt, T. A.: Beobachtungen über das Revierverhalten des Segelfalters *Iphiclides podalirius.* Entomologische Zeitschrift 78: S. 284–287; Frankfurt a. M., 1968.

Zwölfer, H., Bauer, G., Heusinger, G. & *Stechmann, D.*: Die tierökologische Bedeutung und Bewertung von Hecken. Beiheft 3, Teil 2, zu den Berichten der Akademie für Naturschutz u. Landschaftspflege – Laufen/Salzach, 1984.

REGISTER

Die fettgedruckten Seitenzahlen beziehen sich auf die Farbfotos.

A

B

C

D

E

F

G

H

I

J

K

L

M

N

O

P

R

S

T

U

V

W

Y

Z

AKTION SCHMETTERLING

Die *Aktion Schmetterling* ist eine gemeinsame Initiative bundesdeutscher, schweizerischer und österreichischer Naturschutzverbände. Bei Drucklegung dieses Buches, zwei Monate vor Eröffnung der Kampagne am 4. Juni 1987, waren bereits als Träger beteiligt:

- ○ der Bund für Umwelt und Naturschutz Deutschland e. V. (BUND)
- ○ der Deutsche Bund für Vogelschutz, Deutscher Naturschutzverband e. V. (DBV)
- ○ die Deutsche Umwelthilfe e. V. (DUH)
- ○ der Lehrerservice
- ○ die Umweltstiftung WWF-Deutschland
- ○ der Schweizerische Bund für Naturschutz (SBN)
- ○ die österreichische Gesellschaft für Natur- und Umweltschutz
- ○ die Entomologische Arbeitsgruppe des Naturhistorischen Museums Luxemburg

Ferner unterstützen der WWF-Österreich und der WWF-Schweiz die Aktion.

In der Geschichte des Naturschutzes stellt die *Aktion Schmetterling* einen Meilenstein dar. Nie zuvor haben sich so viele private Naturschutzverbände – dazu aus vier Staaten Europas – zu einer gemeinsamen Kampagne dieses Ausmaßes zusammengefunden. Der Weg bis zum Abschluß notwendiger Vereinbarungen war durchaus dornenreich, wurde aber durch zwei Ereignisse erleichtert. So hat der erste Deutsche Umwelttag 1986 in Würzburg zwar die Schwierigkeiten, vor allem aber die großen Vorteile gemeinsamer Aktivitäten erwiesen. Die Zusammenarbeit über nationale Grenzen hinweg wird außerdem durch das Europäische Umweltjahr 1987 nahegelegt.

Im Rahmen der Gemeinschaftsaktion führt jeder Verband eigene Aktivitäten zur Rettung der Schmetterlinge durch. Da das Entstehen dieses Buches auf das Engagement des BUND zurückzuführen ist, seien dessen Maßnahmen zum Schutz der Falter hier kurz erwähnt. Sie stehen stellvertretend für ebenfalls beachtliche Aktivitäten der anderen Verbände:

Der BUND knüpft an die lange Reihe seiner bisherigen erfolgreichen Naturschutzkampagnen an. Genannt seien nur »Rettet die Vögel«, »Rettet die Frösche«, »Mehr Natur in Dorf und Stadt« und »Naturschutz beginnt im Garten«. Auch bei der *Aktion Schmetterling* leistet der BUND intensive Arbeit auf mehreren Schienen:

- ● Informationsschriften und Zeitungsartikel wenden sich an eine breite Öffentlichkeit, aber auch an ausgewählte Zielgruppen (Landwirte). Sie bieten gut aufbereitete Informationen und gewinnen dem Naturschutz neue Mitstreiter.

- ● Hunderte von aktiven BUND-Gruppen kümmern sich vor Ort um besseren Schutz für die Schmetterlinge – im praktischen Einsatz in der Natur, aber auch in zähen Verhandlungen mit Grundbesitzern, Behördenvertretern und Politikern.

- ● Zum Dritten konzentriert der BUND-Bundesverband seine Bemühungen auf einige größere beispielhafte Projekte.

So hat der Verband beispielsweise eine durch Spekulanten gefährdete Fläche in der Hohen Rhön aufgekauft. 32 ha wertvoller alter Kulturlandschaft konnten so gerettet werden. Das Gebiet stellt ein Mosaik von verschiedenartigsten Biotopen dar, in denen sich eine ungewöhnliche Artenvielfalt entwickelt hat. Demnächst soll eine Herde der ebenfalls in ihrem Bestand bedrohten Rhön-Schafe die alte Kulturlandschaft erhalten helfen. Schon heute ein Paradies für zahlreiche Schmetterlingsarten, wird das Gebiet durch solche gezielten Pflegemaßnahmen noch verbessert.

Jeder Verband hat ähnliche Projekte zum Schutz unserer Falter auf dem Programm. Die enge Kooperation vermeidet Überschneidungen in den Aktivitäten – etwa in der Öffentlichkeitsarbeit. Zudem erstellen und vertreiben die Verbände von einer Informationsmappe bis hin zur Unterrichtshilfe für Schulen zusätzlich viele Materialien miteinander. Besonders wichtig ist die gemeinsame Medienarbeit, mit der die *Aktion Schmetterling* auch auf die Umweltpolitik Einfluß zu nehmen versucht.

Dieses Buch zur Aktion hat ja eindeutig bewiesen, daß wirksamer Schmetterlingsschutz – effektiver Naturschutz überhaupt – letztlich nur möglich ist, wenn in Land- und Forstwirtschaft wieder ökologisch sinnvoll gewirtschaftet wird, wenn die Belastung von Luft, Wasser und Boden durch Schadstoffe gemindert wird. Die Voraussetzungen für eine Umstellung der Wirtschaftsweise aber muß eine neue Umweltpolitik schaffen.

Durch die *Aktion Schmetterling* wird die Lobby der Natur gestärkt. Alle beteiligten Verbände bitten die Leser dieses Buches, sie in ihrem Einsatz für eine gesunde Umwelt zu unterstützen.

Nähere Auskünfte über die Aktion und die sie tragenden Verbände sowie weitere Materialien sind erhältlich bei:

AKTION SCHMETTERLING
IM RHEINGARTEN 7
5300 BONN 3